U0174188

Fundamentals,
and Performance Calculations of
PEM FUEL CELLS

质子交换膜燃料电池

基础与性能计算

王家堂 仝毅恒 蔡卫卫 / 著

机械工业出版社
CHINA MACHINE PRESS

质子交换膜（proton exchange membrane, PEM）燃料电池是一种将氢能直接转换为电能的电化学发电装置，其内部存在多相多组分耦合的电化学反应、流动和传热等过程。通过数值方法探究其内部复杂的电化学和传热传质过程，是一种比实验途径更高效、更快捷、成本更低的流体动力学方法，可以指导提升电池的性能、耐久性和寿命。

本书简述了燃料电池的原理、分类和特点，基础化学和热力学，电化学，关键材料的物理特性参数，电池的运行条件和数值计算方法，基于 OpenFOAM 平台燃料电池数值模型的结构、操作使用和验证，以及电池组装条件下的组装力、内阻、物质传输和性能计算。全书的重点是 PEM 燃料电池的基础原理和性能计算方法。最后从燃料电池技术特点的角度，分析了燃料电池在汽车动力、各式电源、船用动力、航空航天等领域的应用和技术现状，并且指明了各个领域需要解决的问题。

本书适于从事 PEM 燃料电池研究和应用的科技工作者阅读，也可供高等院校相关专业师生参考。

图书在版编目（CIP）数据

质子交换膜燃料电池基础与性能计算 / 王家堂，仝毅恒，蔡卫卫著 . —北京：机械工业出版社，2023.6

（氢能与燃料电池技术及应用系列）

ISBN 978-7-111-73253-2

Ⅰ . ①质… Ⅱ . ①王… ②仝… ③蔡… Ⅲ . ①质子交换膜燃料电池 – 研究 Ⅳ . ① TM911.4

中国国家版本馆 CIP 数据核字（2023）第 099173 号

机械工业出版社（北京市百万庄大街 22 号 邮政编码 100037）

策划编辑：王 婕 责任编辑：王 婕 丁 锋
责任校对：韩佳欣 徐 霆 责任印制：刘 媛
北京中科印刷有限公司印刷
2023 年 7 月第 1 版第 1 次印刷
184mm×260mm · 12.25 印张 · 233 千字
标准书号：ISBN 978-7-111-73253-2
定价：138.00 元

电话服务 网络服务
客服电话：010-88361066 机 工 官 网：www.cmpbook.com
　　　　　010-88379833 机 工 官 博：weibo.com/cmp1952
　　　　　010-68326294 金 书 网：www.golden-book.com
封底无防伪标均为盗版 机工教育服务网：www.cmpedu.com

前　言

进入 21 世纪，传统化石能源的大量工业化应用已给全球造成严重的全球环境污染问题，改善环境已成为人类健康发展的迫切任务。另一方面，不可再生化石能源的全球储量日趋减少，面临枯竭殆尽的危险。因此，开发多样化、清洁的能源并减少环境污染已成为未来能源发展和整个人类社会可持续发展的必然趋势。

质子交换膜（proton exchange membrane，PEM）燃料电池是一种将氢能直接转换为电能的电化学发电装置，与内燃机卡诺循环热效率 35% 的限制相比，PEM 燃料电池的理论综合效率可达到 80% 以上，具有能量转换效率高、环境友好、工作温度低、启停响应快等诸多优点。在全世界碳达峰碳中和的"双碳"目标下，PEM 燃料电池技术被认为是一种可以替代传统蓄电池和内燃机的潜在重要技术之一，未来可广泛应用于汽车动力、分布式发电、无人机及军事等应用领域。

虽然 PEM 燃料电池有诸多优势和广泛的应用前景，但目前此技术依然没有全面商业化并广泛应用于人们的生活，因为此技术正面临性能、成本及寿命等方面亟待解决的瓶颈问题。本书的核心内容——PEM 燃料电池基础与性能计算，就是为了解决这些瓶颈问题而开展的相关工作。本书对 PEM 燃料电池基础知识和性能计算方法做了系统性的介绍，部分内容用图表或方程式进行说明，简洁明了，通俗易懂。

本书分为 9 章，第 1 章简要介绍了燃料电池的组成、原理、分类与特点、电池系统。第 2～5 章介绍了基础化学与热力学、电化学、关键材料的物理特性参数、电池运行条件，多以数学公式和图表阐述，作为深入了解 PEM 燃料电池原理的基础，有助于读者定性计算和分析电池的性能。第 6～8 章介绍了 PEM 燃料电池性能计算公式与方法、组装力和内阻计算与结果分析，基于 OpenFOAM 平台 PEM 燃料电池求解器的结构、使用方法、参数设置与模型验证等，有助于读者深入理解电池基础知识，以及将性能计算方法应用于实际电池的设计与开发过程中。第 9 章总结了燃料电池在民用、军工等领域的应用和技术现状，包括汽车动力、固定电源、备用电源、小型便携式电源、船用动力和航空航天等领域，帮助读者了解此清洁发电技术的总体应用前景。

本书适于从事 PEM 燃料电池研究与工程开发的科技工作者阅读，也可作为高年级本科生、研究生的教学参考书。

本书由三位作者共同撰写初稿、校阅相关章节及引用的文献，并绘制了大量图表。其中，第 1～8 章由中国地质大学（武汉）王家堂编写，第 9 章由航天工程大学仝毅恒编写，附录、参考文献、部分插图由中国地质大学（武汉）蔡卫卫编写和绘制，仝毅恒还参与了第 1~7 章部分数值方程的编写和指导，王家堂负责全书统稿和审定工作。作者衷心感谢为本书撰写做出贡献和提出宝贵建议的同事们。

由于作者水平有限，书中难免有不当之处，望广大读者指正。

王家堂

2022 年 10 月

目　录

第1章

燃料电池概述

1.1 什么是燃料电池?

我们可以把燃料电池(fuel cell,FC)想象成一个"工厂",输入的是燃料,输出的是电能,如图 1-1 所示,只要提供原材料(燃料),燃料电池就会源源不断地生产出产品(电能)。这是燃料电池和蓄电池之间的主要区别,虽然两者都依靠电化学发挥作用,但燃料电池在发电时不会被消耗,理想条件下可持续不间断地运行,它实际上是一个"工厂",将储存在燃料中的化学能转换为电能。

图 1-1 燃料电池(H$_2$-O$_2$)"工厂"概念

如此看来,内燃机也是"工厂",内燃机是将储存在燃料中的化学能转换为有用的机械能或者热能。那么内燃机和燃料电池有什么区别呢?

在传统的内燃机中,燃料燃烧释放热量。考虑最简单的例子,氢气的燃烧反应式为

$$H_2 + \frac{1}{2}O_2 \Longrightarrow H_2O + Q_{热量} \tag{1-1}$$

在分子尺度上，氢分子和氧分子之间的碰撞导致化学反应，氢分子被氧化，产生水并释放热量。具体来说，在 1 皮秒内的原子尺度上，氢 - 氢键和氧 - 氧键被破坏，而氢 - 氧键形成。其中，这些键通过分子之间的电子转移而断裂和形成。产物水键合构型的能量低于初始氢气和氧气的键合构型的能量，这种能量差以热量的形式释放出来。尽管初始和最终状态之间的能量差异是通过电子从一种键合状态移动到另一种键合状态时的重新配置而发生的，但这种能量只能以热量的形式恢复，因为键合重新配置会在 1 皮秒内以紧密的亚原子尺度上发生。

为什么化学反应会释放热量？因为，原子是一切物质的基础，它们几乎总是喜欢在一起而不是以单独一个个体存在。当原子聚集在一起时，它们会形成键，从而降低它们的总能量。图 1-2 显示了氢 - 氢键的典型能量与原子核间距曲线，当氢原子彼此远离时（位置①），不存在键且体系具有最高能量；随着氢原子彼此接近，系统能量降低，直到达到最稳定的键合位置（位置②）；氢原子之间的进一步重叠在能量上是不利的，此时原子核之间的排斥力开始占主导地位（位置③）。

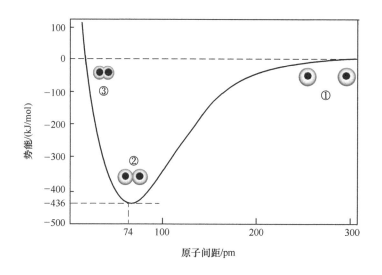

图 1-2　氢 - 氢键能与原子核间距曲线

概括来讲，成键时会释放能量，当键断裂时需要吸收能量。对于导致能量净释放的反应，产物键形成释放的能量必须大于破坏反应物键所吸收的能量。

化石能源的燃烧是一种常见的能量净释放的化学反应，图 1-3 所示为 H_2-O_2 燃烧反应示意图（箭头表示参与反应分子的相对运动），为了发电，这种热能须先转换为机械能，然后须将机械能转换为电能，而完成所有这些步骤可能很复杂且效率低下。

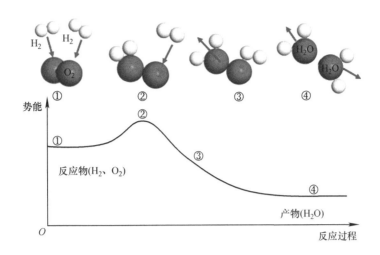

图 1-3 H$_2$-O$_2$ 燃烧反应示意图

考虑另一种解决方案：通过电子从高能反应物键向低能产物键移动时以某种方式利用电子，直接在化学反应中产生电能，这就是燃料电池的作用。但问题是，我们如何利用在 1 皮秒内亚原子尺度上重新配置的电子？答案是在空间上分离氢气和氧气反应物，以便键合重构所需的电子转移发生在大大扩展的长度范围内，然后，随着电子从燃料移动到氧化剂，就形成了可以利用的电流。

1.2 发展历史

燃料电池历史可以追溯到 19 世纪，其工作原理由德国化学家 Schönbein 于 1838 年提出，并刊登在当时著名的科学杂志上。基于 Schönbein 的理论，英国物理学家 Grove 于 1839 年制造出第一台氢氧燃料电池装置，并在 1842 年发表氢氧发电装置草图，类似图 1-4 所示，原理是氢气在铂催化作用下生成氢离子，氢离子通过电解液传输到氧气侧生成水，电子通过外电路传输发电。为了提高所产生的电压，Grove 将几个这种装置串联起来，终于得到了他所谓的"气体电池"。

"燃料电池"（fuel cell）一词于 1889 年由化学家 Ludwig Mond 和 Charles Langer 创造，他们试图用空气和工业煤气制造一个实用的能提供电能的装置。但人

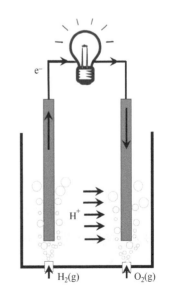

图 1-4 Grove 制造的燃料电池
装置草图 [1]

们很快发现，如果要将这一技术商业化，必须克服大量的科学技术障碍。

1932 年，剑桥大学的工程师 Francis Thomas Bacon 对 Mond 和 Langer 发明的装置做了多次修改，包括用比较廉价的镍网代替铂金电极，以及用不易腐蚀电极的硫酸电解质代替碱性的氢氧化钾，Bacon 将这种装置叫作 Bacon 电池，它实际上就是第一个碱性燃料电池（alkaline fuel cell，AFC）。1959 年，在经历 27 年后，Bacon 才真正制造出能工作的燃料电池，他生产出第一台能够为焊机供电的 5kW 燃料电池，工作温度为 150℃。同年，Allis-Chalmers 公司的农业机械工程师 Harry Karl Ihrig 将 1008 块电池并联在一起组成 15kW 的燃料电池组，为一台 20 马力（1 马力 =735.499W）的拖拉机供电，制造出第一台以燃料电池为动力的车辆。上述发展为今天人们所知的燃料电池的商业化奠定了基础。

20 世纪 60 年代初期，美国国家航空航天局（NASA）在寻找无人航天飞行动力的过程中，综合比较了干电池（太重）、太阳能（太贵）、核能（太危险）的优缺点后，持续资助美国通用电气公司（GE）开发燃料电池技术，首次研制出了以磺化的聚苯乙烯离子交换膜作为电解质的质子交换膜（proton exchange membrane，PEM），成功开发出为阿波罗（Apollo）登月飞船提供电力的碱性燃料电池堆，这是第一次商业化使用燃料电池。如图 1-5 所示，用于阿波罗登月飞船的碱性燃料电池总重 100kg，总功率 1.5kW，电极面积约 700cm^2。1968—1972 年，燃料电池在阿波罗号的 12 次飞行任务中没有出现任何事故。

图 1-5　阿波罗登月飞船的碱性燃料电池系统

自此之后，1973 年的石油禁运危机使得燃料电池技术的研究在各国引起重视，此技术开始步入快速发展阶段。1993 年，加拿大巴拉德动力系统（Ballard Power Systems）公司推出世界上首辆以质子交换膜（PEM）燃料电池为动力的车辆，之后燃料电池开始进军民用领域。因此，从 20 世纪 90 年代开始，燃料电池作为清洁、廉价、可再生的能源利用方式逐渐由实验室融入人类社会生活中。

自 21 世纪以来，部分汽车公司已设计出以燃料电池为动力的原型车辆，如日本丰田、德国宝马和中国上汽等。在北美和欧洲的许多城市中，如芝加哥、温哥华等，以燃料电池为动力的公共汽车也正在投入试用。2008 年的北京奥运会，有 20 多辆燃料电池汽车承担了部分接驳任务；而 2022 年北京冬季奥运会，共投入了 700 余辆氢燃料电池公共汽车，用于日常的交通运输，人们期望在不久的将来能将这种车辆投放市场。在未来几十年，鉴于人们对现有自然资源耗竭的担心，以及越来越多的人意识到大量使用化石燃料对环境的破坏，必将促使燃料电池在移动动力和固定电源等领域的发展。

1.3 组成和原理

燃料电池是一种把燃料所具有的化学能直接转换成电能的化学装置，又称电化学发电机。根据是否有电池串 / 并联，燃料电池可分为单电池（single fuel cell）和电池堆（fuel cell stack）。单电池含有阴、阳两电极，如图 1-6 所示，分别包括阴 / 阳极的双极板（bipolar plates，BPP）、气体扩散层（gas diffusion layer，GDL）、催化层（catalyst layer，CL）等，其中阴、阳两电极被选择性电解质隔开，起到阻隔电子和反应物、生成物通过的作用，而电解质和阴 / 阳极的气体扩散层、催化层构成的部件叫作膜电极组件（membrane electrode assembly，MEA），是影响 PEM 燃料电池性能、能量密度分布及其工作寿命的核心部件。

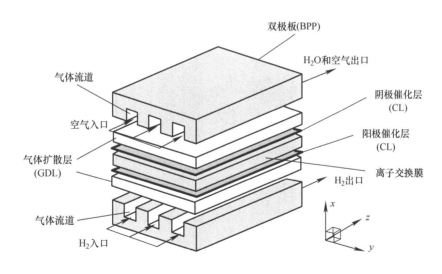

图 1-6　燃料电池单电池结构

燃料电池各组成部件中，气体扩散层主要起到支撑催化层、分布反应气、收集生成物水和收集电流的作用；催化层包含氢还原或氧还原催化活性较好的催化剂，主要分别用于催化燃料和氧化剂；电解质起隔离和选择性通过的作用，既要允许氢离子顺利通过，又要隔离阳极侧的燃料和阴极侧的氧化剂在电解质之间扩散通过，还需要对电子绝缘，阻碍电子通过电解质形成无效电流（又称"内电流"）而导致燃料利用率的损失，氢氧燃料电池的电解质可通过水，且性能与含水量有关；双极板一般由石墨板或不锈钢板制成，两侧分别包含可供阴极、阳极反应气体流过的流道，可将燃料和氧化剂按一定流场形式供应到催化剂的反应活性位点，同时是反应产物流出的通道、收集产生的电流并为 MEA 提供机械支撑，因此，双极板的选择要求是高电导率、高机械强度、不渗透反应气体、抗腐蚀、易于制造且成本低廉、来源广泛等。

以氢氧燃料电池为例，其工作原理如图 1-7 所示，在燃料极（又称"阳极"）中，在催化剂催化作用下，供给燃料气体中的 H_2 分解成 H^+ 和电子 e^-，H^+ 移动到电解质中与氧气极（又称"阴极"）侧供给的 O_2 发生反应；电子 e^- 经由外部的负载回路，再返回到阴极侧，参与阴极侧的反应，最终在阴极催化层内生成反应物水，如此，大量 H_2 和 O_2 分别在阳极侧和阴极侧的氧化还原反应促成了电子 e^- 不间断地定向经过外部回路中的负载设备，因而就形成了发电过程。在电渗透力的作用下，阳极侧水会通过电解质膜流向阴极侧，同时由于膜两侧的含水量不同，存在水浓度差，阴极侧水会通过电解质膜反渗透扩散至阳极侧，两侧的水会在电渗透力和反扩散的共同作用下形成动态平衡。最后，阴极生成物水和未反应的氧气（或空气）由阴极出口排出，而阳极未反应的燃料由阳极出口排出。

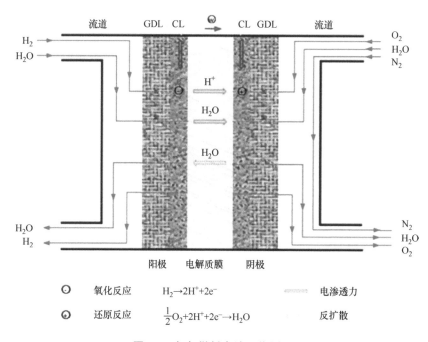

图 1-7　氢氧燃料电池工作原理

氢氧燃料电池反应是电解水的逆过程，电极反应和电池总反应分别如下：

阳极反应为

$$H_2 \Longrightarrow 2H^+ + 2e^-$$ （1-2）

阴极反应为

$$\frac{1}{2}O_2 + 2H^+ + 2e^- \Longrightarrow H_2O$$ （1-3）

电池反应为

$$H_2 + \frac{1}{2}O_2 \longrightarrow H_2O$$ （1-4）

从反应式（1-4）中可以看出，由 H_2 和 O_2 生成 H_2O，除此以外没有其他的反应，H_2 所具有的化学能转换成了电能。但实际上，由于电极的反应存在一定的电阻，会引起少量热量的产生，因此减小了转换成电能的比例。能发生这些反应的一组电池称为单电池，单电池产生的电压通常低于1V。

单电池的催化活性面积较小，因此功率也较小，通常不能满足用户对功率的需求，一般将几个、几十个、几百个燃料电池单电池串联、并联在一起，构成燃料电池堆。电池堆由 MEA、密封圈、双极板、端板、螺栓构成，如图1-8所示。其中，密封圈是保证电池堆气密性和安全性的重要部件，在螺栓和适当组装力的配合下，确保电池堆内部的气体不会外泄，并保证电子在气体扩散层和双极板之间能顺畅地传输。

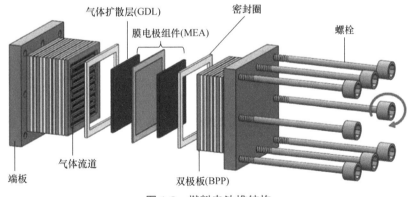

图1-8 燃料电池堆结构

1.4 分类和特点

迄今已研究开发出多种类型的燃料电池，最常用的分类方法是按电解质种类、运行机理、燃料类型进行分类，具体分类如下：

1）按电池所采用的电解质分类。按电解质不同，可将燃料电池分为：质子交换膜燃料电池（PEMFC）和直接甲醇燃料电池（DMFC），以全氟或部分氟化的磺酸型质子交换膜为电解质；磷酸燃料电池（PAFC），以浓酸盐为电解质；碱性燃料电池（AFC），以 KOH溶液为电解质；固体氧化物燃料电池（SOFC），以固体氧化物为氧离子导体，如以氧化钇稳定的氧化锆膜为电解质；熔融碳酸盐燃料电池（MCFC），以熔融的锂 - 钾碳酸盐或锂 -钠碳酸盐为电解质。这 6 类燃料电池的反应和运行温度如图 1-9 所示，基本特点见表 1-1，其中 PEMFC 和 DMFC 的反应原理相同。

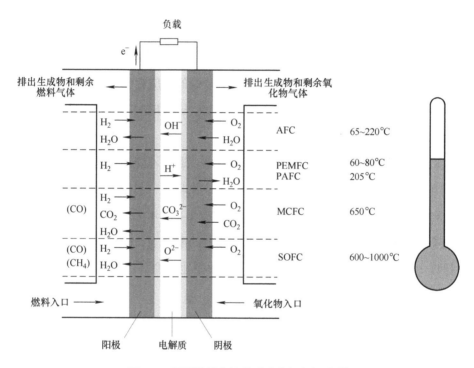

图 1-9　不同燃料电池的反应和运行温度 [2]

表 1-1　不同类型燃料电池的基本特点

类型	电解质	导电离子	工作温度/℃	燃料	氧化剂	发电效率
PEMFC	全氟磺酸膜	H^+	60 ~ 80	氢气	空气	45% ~ 60%
PAFC	H_3PO_4	H^+	100 ~ 205	重整气	空气	40% ~ 45%
AFC	KOH	OH^-	65 ~ 220	氢气	纯氧	60% ~ 70%
SOFC	氧化钇稳定的氧化锆	O^{2-}	600 ~ 1000	氢气、重整气、天然气	空气	80%
DMFC	全氟磺酸膜	H^+	600 ~ 100	甲醇	空气	20% ~ 40%
MCFC	$(Li,K)_2CO_3$	CO_3^{2-}	650 ~ 700	净化煤气、天然气、重整气	空气	50% ~ 65%

2）按燃料电池的运行机理分类。按运行机理不同，可将燃料电池分为酸性燃料电池和碱性燃料电池，其中，PEMFC、PAFC 和 DMFC 属于酸性燃料电池，而 AFC 属于碱性燃料电池。

3）按燃料类型分类。按燃料类型不同，可将燃料电池分为氢燃料电池、甲烷燃料电池、甲醇燃料电池、乙醇燃料电池等。氢燃料电池包括 PEMFC、AFC 和 SOFC 等；甲烷燃料电池包括 PAFC、SOFC 和 MCFC 等；甲醇燃料电池包括 DMFC；乙醇燃料电池包括直接乙醇燃料电池（DEFC）。

燃料电池运行十分复杂，涉及化学和热力学、电化学、电催化、材料科学、电力系统及自动控制等学科的有关理论。此外，燃料电池的反应不需要经历燃烧过程，热能损失小，能量转换效率较高，反应的产物是水，不含运动部件，因此具有发电效率高、环境污染小、几乎无噪声等优点。总体来说，燃料电池具有以下特点：

1）能量转换效率高。燃料电池直接将燃料的化学能转换为电能，中间不经过燃烧过程，因而不受卡诺循环的限制。目前燃料电池系统的燃料 - 电能转换效率在 45% ~ 60% 之间，而火力发电和核电的发电效率在 30% ~ 40% 之间。

2）环境友好。燃料电池的有害气体（SO_x、NO_x、CO_2）排放都很低，而氢燃料电池的产物只有水，对环境零污染。此外，燃料电池无机械运动部件，噪声污染也非常小。

3）燃料适用范围广。燃料电池的燃料来源包括氢气、重整气、天然气、净化煤气、甲醇、乙醇等，适用燃料来源广泛、价格低廉。

4）积木化强。燃料电池规模化及安装地点灵活，电站占地面积小、建设周期短，电站功率可根据需要由电池堆组装调整，十分方便。燃料电池无论作为集中电站还是分布式电站，或是作为小区、工厂、大型建筑的独立电站都非常合适。

5）负荷响应快，运行质量高。燃料电池在数秒内就可以从最低功率变换到额定功率，而且燃料电池离用电负荷设备可以很近，从而改善了电压波动、减小了输变线路投资和线路损失。

1.5 燃料电池系统

从设备角度讲，燃料电池发电除了需要燃料电池堆外，还需要其他主要设备，包括空压机、增湿器、氢循环泵、高压氢瓶、泵与阀件、监控部件、其他附件等，这些主要设备与燃料电池堆（或模块）组成燃料电池发电装置，如图 1-10 所示。

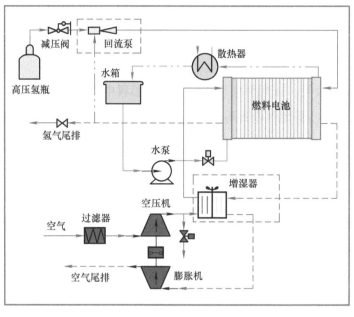

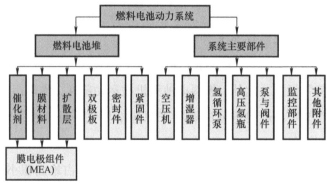

图 1-10　燃料电池发电装置的设备配置

从系统角度讲，燃料电池系统是一个复杂的系统，只有燃料电池堆本体还不能工作，必须有一套相应的辅助系统，包括氧化剂和燃料供给系统、水管理系统、热管理系统、电气与安全系统以及控制系统等几个子系统，如图 1-11 所示。

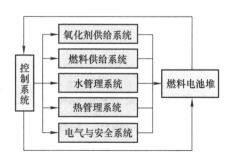

图 1-11　燃料电池堆发电系统构成 [3]

燃料电池子系统的组成和功能如下：

1）氧化剂供给系统。低压氧化剂供给系统的结构相对简单，一般由空气过滤器、空气流量传感器、鼓风机、增湿器等组成。此系统的作用是提供反应所需的氧，来源可以是纯氧或空气，加压装置可以用电动机驱动的送风机或者空气压缩机，也可以用回收排出余气的汽轮机或压缩机。

2）燃料供给系统。低压燃料供给系统主要由电磁阀、减压阀、增湿装置及脉冲放气电磁阀等组成。燃料供给系统的作用是将燃料稳定匀速地供给燃料电池，若输入的燃料不能直接被燃料电池反应催化，还需要辅助的燃料重整系统，其作用是将外部供给的燃料转化为以氢为主要成分的燃料。若使用天然气等气体、碳氢化合物或者石油、甲醇等液体燃料，需要通过水蒸气重整等方法对燃料进行重整。而用煤炭作为燃料时，则要先转化为以氢和一氧化碳为主要成分的气体燃料。用于实现这些转化的反应装置分别称为重整器、煤气化炉等。

3）水管理系统。水管理系统即阳极增湿水循环系统，由增湿水泵、水 - 气膜增湿器、增湿水箱等组成，可以将阴极生成的水及时带走，以免造成燃料电池"水淹"而功能失效。对于 PEM 燃料电池，质子以水合离子（H_3O^+）状态在质子交换膜中进行传导，因此需要有水参与，而且膜中含水量还会影响电解质膜的质子传导性能，进而影响电池的性能。

4）热管理系统。热管理系统即冷却循环系统，主要由冷却水泵、换热器、节温器、散热器、加热器以及被冷却的电堆等组成，作用是将电池产生的热量带走，避免因温度过高而烧坏电解质膜。外电路接通形成电流时，燃料电池会因内电阻的功率损耗而发热，为了维持燃料电池恒温的最佳工作状态，常用传热介质水或空气对燃料电池进行热平衡控制。

5）电气与安全系统。电气与安全包括低压控制电气、高压电气、氢安全和电气安全等，整个系统由安全互锁电路、风机、水泵、加热器等用电设备的供电电路，以及氢气探测器、数据处理器和灭火设备等装置组成，作用是将燃料电池本体产生的直流电转换为用电设备或电网要求的交流电，同时实现防火、防爆等安全保障。

6）控制系统。控制系统主要由计算机及各种测量和控制执行机构组成，作用是控制燃料电池发电装置的启动和停止、接通或断开负载等动作，还具有实时监测和调节工况、远距离传输数据等功能。控制系统一般采用接线简单、调试方便、升级灵活和电磁兼容性好的分布式控制，分布式控制系统一般采用 3 层 CAN 网络的分布式控制[4]。

目前，燃料电池系统的主要研究热点包括：使用轻质材料，优化设计，提高燃料电池系统的比功率；提高 PEM 燃料电池系统快速冷启动能力和动态响应性能；研究具有负荷跟随能力的燃料处理器；对电池或超级电容、氢气存储进行系统优化设计，提高系统的效率和调峰能力，回收制动能量等 [5]。

截至 2021 年，国内燃料电池系统的技术水平已远超燃料电池技术发展路线中规划的水平。根据氢蓝时代动力科技有限公司常务副总裁曹桂军在 2021 年氢能与燃料电池产业年会上发表的"燃料电池系统开发与多场景应用"主题演讲，他认为电堆的国产化率和技术指标已快速提升。其中，单堆功率从 45 ~ 60kW 提升至 150 ~ 200kW；电堆功率密度从 2.5kW/L 提升至 4 ~ 4.5kW/L；关键零部件国产化率从 50% 提升至 90% ~ 98%；系统集成度从 300W/kg 提升至 450W/kg；环境适应性普遍提高，一般可以在 −30℃ 实现冷启动；基础材料不断突破，产业化加速，系统成本下降趋势明显，电堆价格可低于 2000 元 /kW，系统成本可低于 5000 元 /kW。同时，他预计 2025 年燃料电池系统最大额定功率将大于 180kW，氢能在交通领域的应用将逐步向长续驶里程、大载重的场景过渡。

闽金军等人 [6] 展望了中国燃料电池的发展趋势，见表 1-2，预计到 2050 年，我国的燃料电池系统的体积功率密度将突破 6.5kW/L，其中在乘用车中的使用寿命将大于 10000h，在商用车辆中的使用寿命将大于 30000h，而固定电源寿命将大于 100000h，低温启动温度将降至 −40℃，系统的成本最低可以达到 300 元 /kW。

表 1-2 中国燃料电池发展历史和趋势 [6]

技术指标		历史（2019 年）	近期（2020—2025 年）	中期（2026—2035 年）	远期（2036—2050 年）
体积功率密度 /（kW/L）		3	3.5	4.5	6.5
寿命 /h	乘用车	>5000	>5000	>6000	>10000
	商用车辆		>15000	>20000	>30000
环境适应性 /℃		−20	−30	−30	−40
成本 /（元 /kW）		8000	4000	800	300

第2章

燃料电池基础化学和热力学

燃料电池是一种电化学能量转换器，它将燃料（通常是氢）的化学能直接转换为电能，因此，它必须遵守热力学定律。

2.1 基本反应

燃料电池中的电化学反应同时发生在电解质的两侧——阳极和阴极。氢氧燃料电池的基本反应如下：

阳极反应为

$$H_2 \Longrightarrow 2H^+ + 2e^- \tag{2-1}$$

阴极反应为

$$\frac{1}{2}O_2 + 2H^+ + 2e^- \Longrightarrow H_2O \tag{2-2}$$

总反应为

$$H_2 + \frac{1}{2}O_2 \longrightarrow H_2O \tag{2-3}$$

这些反应可能有几个中间步骤，并且可能存在一些（不需要的）副反应，但上述反应方程式准确地描述了燃料电池中的主要反应过程。

2.2 反应热

反应方程式（2-3）与氢气燃烧的反应相同，其中燃烧是一个放热过程，这意味着在这个过程中会释放大量热量

$$H_2 + \frac{1}{2}O_2 \longrightarrow H_2O + Q_{热量} \tag{2-4}$$

化学反应的热（又称焓）ΔH 是产物和反应物生成焓 h_f 之间的差异，对方程式（2-4）意味着

$$\Delta H = (h_f)_{H_2O} - (h_f)_{H_2} - \frac{1}{2}(h_f)_{O_2} \tag{2-5}$$

在 25℃时，液态水的生成焓为 $-286kJ \cdot mol^{-1}$，根据定义，元素的生成焓为零，所以

$$\Delta H = (h_f)_{H_2O} - (h_f)_{H_2} - \frac{1}{2}(h_f)_{O_2} = -286kJ \cdot mol^{-1} - 0 - 0 = -286kJ \cdot mol^{-1} \tag{2-6}$$

按照习惯，化学反应焓中的负号表示反应释放热量，也就是说，这是一个放热反应。因此，反应方程式（2-4）可以表示为

$$H_2 + \frac{1}{2}O_2 \longrightarrow H_2O(l) + 286kJ \cdot mol^{-1} \tag{2-7}$$

式中焓使用了正号，焓位于反应式的右侧，说明热量是反应的产物。式（2-7）仅在 25℃和标准大气压条件下成立，反应气体和产物水均在此条件下，水呈液态。

2.3 氢气的高低热值

氢气燃烧反应的焓，即式（2-7）中的 $286kJ \cdot mol^{-1}$，又称氢气的热值，它是 1mol 氢气完全燃烧可能产生的热量。热值的测量在量热器中进行，将 1mol 氢气装入装有 0.5mol 氧气的量热器中，点燃并完全燃烧，并让其冷却至 25℃，在标准大气压下，量热器中只剩下液态水，如图 2-1 所示，测量应该显示释放了 286kJ 的热量，这被称为氢的较高热值。

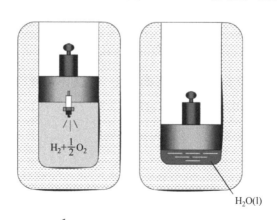

图 2-1　$H_2 + \dfrac{1}{2}O_2$ 在量热器中的燃烧以及较高热值的测量 [2]

如果 1mol 氢气与足够过量的氧气（或空气）一起燃烧并冷却到 25℃，则产物水将以蒸汽的形式与未燃烧的氧气和 / 或氮气混合在一起，例如图 2-2 中使用了空气，测量结果应该表明释放的热量比 286kJ 更少，正好是 241kJ，见式（2-8），这被称为氢的较低热值。

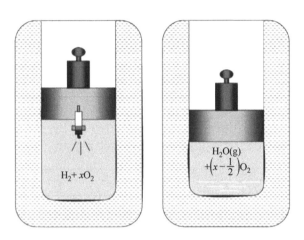

图 2-2　H_2 与过量 O_2 在量热器中的燃烧以及较低热值的测量 [2]

$$H_2 + \frac{1}{2}O_2 \longrightarrow H_2O(g) + 241kJ \cdot mol^{-1} \qquad （2\text{-}8）$$

在 25℃时，氢气燃烧的较高和较低热值之间的差异是水的蒸发热

$$H_{fg} = 286 - 241kJ \cdot mol^{-1} = 45kJ \cdot mol^{-1} \qquad （2\text{-}9）$$

2.4　理论电功

燃料电池中没有燃烧过程，那么氢气的热值（较高或较低）与燃料电池有什么关系？氢气热值用作燃料电池中能量输入的量度，这是可以从氢中提取（热）能量的最大值。然而，燃料电池产生电能，输入的能量能全部转换为电能吗？显然不是！一般，在每个化学反应中都会产生一些熵变 ΔS，因此，氢的较高热值的一部分不能转换为有用的功——电。可以在燃料电池中转换为电能的反应焓（或氢的较高热值）部分对应于吉布斯自由能，由以下等式给出

$$\Delta G = \Delta H - T\Delta S \qquad （2\text{-}10）$$

式中，T 为绝对温度（K）。换句话说，由于熵变 ΔS 的产生，能量转换中存在一些不可逆转的损失。

类似于反应的焓变 ΔH 是产物和反应物生成焓之间的差异，见式（2-5），熵变 ΔS 是

产物和反应物的熵之差

$$\Delta S = (S_f)_{H_2O} - (S_f)_{H_2} - \frac{1}{2}(S_f)_{O_2} \qquad (2-11)$$

1 个标准大气压（1atm，即 101.325kPa）和 25℃下反应物和产物的 h_f 和 S_f 值见表 2-1。

表 2-1　燃料电池反应物和产物的生成焓和熵（25℃和 1atm）[7]

物质	生成焓 h_f/(kJ·mol^{-1})	生成熵 S_f/(kJ·mol^{-1}·K^{-1})
氢气（H$_2$）	0	0.13066
氧气（O$_2$）	0	0.20517
液态水［H$_2$O（l）］	−286.02	0.06996
气态水［H$_2$O（g）］	−241.98	0.18884

因此，在 25℃条件下，在 286.02kJ·mol^{-1} 的可用能量中，237.34kJ·mol^{-1} 可转换为电能，其余 48.68kJ·mol^{-1} 转换为热量。如果在 25℃以外的其他温度条件下，这些值也会不同。

2.5　理论电压

一般来说，电功是电荷和电位的产物

$$W_{el} = -qE \qquad (2-12)$$

式中，W_{el} 为电功（J·mol^{-1}）；q 为电荷（C·mol^{-1}）；E 为电位（V）。

每消耗 1mol H$_2$，燃料电池反应［式（2-1）~式（2-3）］中转移的总电荷为

$$q = -nN_{Avg}q_{el} \qquad (2-13)$$

式中，n 为每个氢气分子的电子数（常为 2）；N_{Avg} 为阿伏伽德罗常数（6.022×10^{23}mol^{-1}）；q_{el} 为 1 个电子的电荷（C）。其中，阿伏伽德罗常数与 1 个电子电荷的乘积称为法拉第常数：F=96485 C·mol^{-1}。因此，电功为

$$W_{el} = -nFE \qquad (2-14)$$

如前文所述，燃料电池中产生的最大电能对应于吉布斯自由能，即

$$W_{el} = -\Delta G \qquad (2-15)$$

燃料电池的理论电压为

$$E = \frac{-\Delta G}{nF} \qquad (2\text{-}16)$$

因为 ΔG、n 和 F 都是已知参数，所以可以计算出氢氧燃料电池的理论电压

$$E = \frac{-\Delta G}{nF} = \frac{237340 \text{J} \cdot \text{mol}^{-1}}{2 \times 96485 \text{C} \cdot \text{mol}^{-1}} = 1.23\text{V} \qquad (2\text{-}17)$$

所以，在 25℃时，氢氧燃料电池的理论电压为 1.23V。

2.6 温度的影响

燃料电池理论电压随温度变化，将式（2-10）代入式（2-16）得到

$$E = \left(\frac{\Delta H}{nF} - \frac{T\Delta S}{nF} \right) \qquad (2\text{-}18)$$

显然，电池温度的升高会导致电池理论电压降低。一般，ΔH 和 ΔS 都是负数（表 2-2）。此外，ΔH 和 ΔS 都是温度的函数

$$h_T = h_{298.15\text{K}} + \int_{298.15\text{K}}^{T} C_p \mathrm{d}T \qquad (2\text{-}19)$$

$$S_T = S_{298.15\text{K}} + \int_{298.15\text{K}}^{T} \frac{1}{T} C_p \mathrm{d}T \qquad (2\text{-}20)$$

式中，C_p 为比热容（$\text{J} \cdot \text{mol}^{-1} \cdot \text{K}^{-1}$）。

表 2-2 氢氧化过程的焓变、熵变和吉布斯自由能变

化学反应	$\Delta H/(\text{kJ} \cdot \text{mol}^{-1})$	$\Delta S/(\text{kJ} \cdot \text{mol}^{-1} \cdot \text{K}^{-1})$	$\Delta G/(\text{kJ} \cdot \text{mol}^{-1})$
$H_2 + \frac{1}{2} O_2 \longrightarrow H_2O\,(1)$	−286.02	−0.1633	−237.34
$H_2 + \frac{1}{2} O_2 \longrightarrow H_2O\,(g)$	−241.98	−0.0444	−228.74

任何气体的比热容也是温度的函数（图 2-3），可以使用经验方程式 [8] 得到

$$C_p = a + bT + cT^2 \qquad (2\text{-}21)$$

式中，a、b 和 c 是经验系数，每种气体的经验系数不同（表 2-3）。

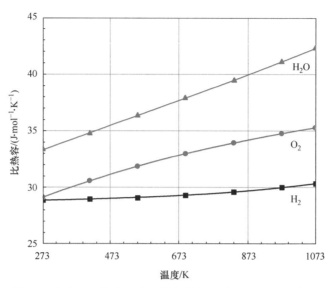

图 2-3　氢气、氧气和水蒸气的比热容 C_p 与温度的函数关系

表 2-3　不同物质的 C_p 经验系数

物质	$a/(\text{J} \cdot \text{mol}^{-1} \cdot \text{K}^{-1})$	$b/(\text{J} \cdot \text{mol}^{-1} \cdot \text{K}^{-2})$	$c/(\text{J} \cdot \text{mol}^{-1} \cdot \text{K}^{-3})$
H_2	28.91404	−0.00084	2.01×10^{-6}
O_2	25.84512	0.012987	-3.9×10^{-6}
$H_2O(g)$	30.62644	0.009621	1.18×10^{-6}

将式（2-21）代入式（2-19）和式（2-20）并积分得到

$$\Delta H_T = \Delta H_{298.15K} + \Delta a(T - 298.15\text{K}) + \Delta b \frac{(T^2 - 298.15\text{K}^2)}{2} + \Delta c \frac{(T^3 - 298.15\text{K}^3)}{3} \quad （2\text{-}22）$$

$$\Delta S_T = \Delta S_{298.15K} + \Delta a \ln\left(\frac{T}{298.15\text{K}}\right) + \Delta b(T - 298.15\text{K}) + \Delta c \frac{(T^2 - 298.15\text{K}^2)}{2} \quad （2\text{-}23）$$

式中，Δa、Δb 和 Δc 分别是产物和反应物的经验系数 a、b 和 c 之间的差，即

$$\Delta a = a_{H_2O} - a_{H_2} - \frac{1}{2} a_{O_2}$$

$$\Delta b = b_{H_2O} - b_{H_2} - \frac{1}{2} b_{O_2} \quad （2\text{-}24）$$

$$\Delta c = c_{H_2O} - c_{H_2} - \frac{1}{2} c_{O_2}$$

在低于 100℃ 的温度条件时，ΔH 和 ΔS 的变化非常小，但在更高的温度下，例如在 SOFC 最佳工作温度下时，它们的变化不能被忽略。如表 2-4 和图 2-4 所示，燃料电池理论电压随温度升高而降低，温度每升高 10℃，可逆电压下降 2.3mV 左右。因为在热力学角

度，温度影响仅在于对熵增的影响，温度越高，熵越大，不能用的能量越多，可逆电压越低。反应吉布斯自由能变大小决定了燃料电池理论电压，当温度升高导致理论电压降低时，焓变和吉布斯自由能变自然会随之降低。

表 2-4　氢氧燃料电池反应的焓、吉布斯自由能和熵随温度变化并由此产生的电池理论电压变化

T/K	$\Delta H/(kJ \cdot mol^{-1})$	$\Delta G/(kJ \cdot mol^{-1})$	$\Delta S/(kJ \cdot mol^{-1} \cdot K^{-1})$	E_{th}/V
298.15	−286.02	−237.34	−0.16328	1.230
333.15	−284.85	−231.63	−0.15975	1.200
353.15	−284.18	−228.42	−0.15791	1.184
373.15	−283.52	−225.24	−0.15617	1.167

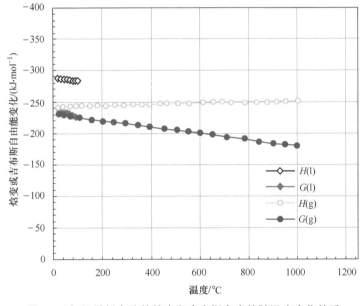

图 2-4　氢氧燃料电池的焓变和吉布斯自由能随温度变化关系

　　然而，在运行燃料电池时，通常较高的电池温度会导致较高的电池电压，这是因为从动力学角度讲，温度升高可以提升燃料电池动力学性能（催化性能），使动力学性能作用更加明显，所以温度升高有利于提升燃料电池性能。

2.7　理论效率

　　任何能量转换装置的效率都定义为有用能量输出与能量输入之间的比率，如图 2-5 所示。

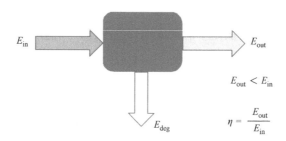

图 2-5　任何能量转换装置的效率

在燃料电池中，有用的能量输出是产生的电能，能量输入是指氢气的焓，即氢气的较高热值，如图 2-6 所示。假设所有吉布斯自由能都可以转换为电能，燃料电池的最大可能（理论）效率为

$$\eta = \frac{\Delta G}{\Delta H} \times 100\% = \frac{-237.34 \text{kJ} \cdot \text{mol}^{-1}}{-286.02 \text{kJ} \cdot \text{mol}^{-1}} \times 100\% = 83\% \tag{2-25}$$

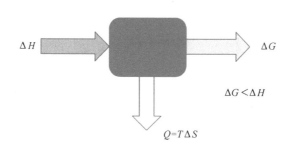

图 2-6　燃料电池作为能量转换装置的能量输入和输出

很多时候，氢的较低热值被用来计算燃料电池的效率，不仅因为基于它能够获得更高的效率值，而且还便于与燃料电池的竞争对手内燃机进行比较，因为传统上后者的热效率也是以燃料较低的热值表示。在这种情况下，理论上燃料电池最大效率将是

$$\eta = \frac{\Delta G}{\Delta H_{\text{LHV}}} \times 100\% = \frac{-228.74 \text{kJ} \cdot \text{mol}^{-1}}{-241.98 \text{kJ} \cdot \text{mol}^{-1}} \times 100\% = 94.5\% \tag{2-26}$$

在燃料电池和内燃机中，使用较低的热值是合理的，因为在该过程中会产生水蒸气。在表示能量转换装置的效率时，尽管使用较低或较高的热值都是合适的，只要指定使用了哪个热值即可，但使用较低的热值时可能会出现混乱，因为可能会使转换效率超过 100%。因此，使用较高的热值在热力学上更正确，因为它考虑了所有可用的能量，并且与效率的定义保持一致，如图 2-5 所示。

如果方程式（2-25）中的 ΔG 和 ΔH 都除以 nF，则燃料电池效率可以表示为两个电位的比值

$$\eta = \frac{\Delta G}{\Delta H} \times 100\% = \frac{\Delta G / nF}{\Delta H / nF} \times 100\% = \frac{1.23\text{V}}{1.482\text{V}} \times 100\% = 83\% \qquad （2-27）$$

式中，$\Delta G/nF$=1.23V 是理论电池电压；$\Delta H/nF$=1.482V 是对应于氢较高热值或热中性时的电压。

因此，燃料电池效率始终与电池电压成正比，可以计算为电池理论电压与氢的较高热值对应电压（即 1.482V）的比值，而较低热值对应的电压为 1.254V。

2.8 卡诺效率神话

卡诺效率是热机在两个温度之间运行的最大效率，如图 2-7 所示。

卡诺效率是假设的发动机最大理论效率，即使可以制造这样的发动机，它也必须以极低的速度运行以允许发生热传递，此时不会产生动力，如图 2-8 所示。此结果同样适用于理论燃料电池效率：以理论效率运行的燃料电池不会产生电流。

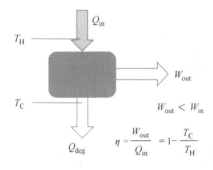

图 2-7 卡诺效率

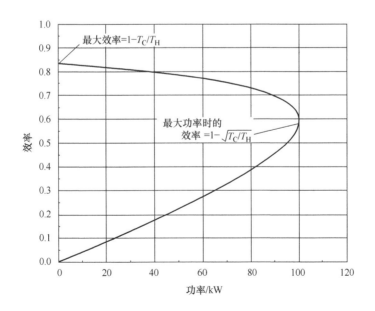

图 2-8 卡诺发动机的理论效率与功率曲线

可以证明卡诺发动机[9]在最大功率下的效率为

$$\eta = 1 - \sqrt{\frac{T_{\mathrm{C}}}{T_{\mathrm{H}}}} \qquad (2\text{-}28)$$

卡诺效率不适用于燃料电池，因为燃料电池不是热机，相反，它是一种电化学能量转换器。在低温条件下运行的燃料电池，例如 60℃时，将热量以 25℃散发到环境中，其效率可能比在相同两个温度之间运行的任何热机高得多；高温燃料电池的理论效率低于在相同温度下运行的热机理论（卡诺）效率，如图 2-9 所示。有人可能会争辩说，对于任何氢 / 氧或氢 / 空气系统，高温源是氢 / 氧火焰的温度，在这种情况下，燃料电池的效率不会超过使用这种火焰作为热源的发动机卡诺效率，尽管这可能是正确的，但它与燃料电池无关。因为，燃料电池没有火焰，理论效率由吉布斯自由能与氢 / 氧反应焓之比决定，而与氢 / 氧火焰温度无关。

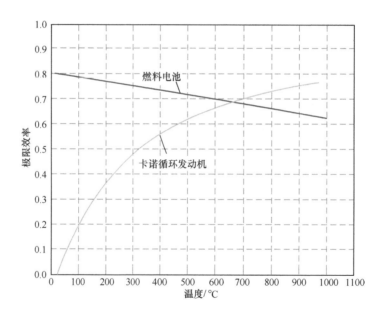

图 2-9　卡诺发动机和燃料电池的理论极限效率

2.9　压力的影响

燃料电池可以在任何压力下运行，通常从大气压一直到 6 ~ 7bar ⊖。对于等温过程，根据基本的热力学规律[9]，吉布斯自由能变化为

⊖　1bar=10^5Pa。

$$dG = V_m dP \tag{2-29}$$

式中，V_m 为摩尔体积（$m^3 \cdot mol^{-1}$）；P 为压力（Pa）。

对于理想气体

$$PV_m = RT \tag{2-30}$$

因此

$$dG = RT\frac{dP}{P} \tag{2-31}$$

合并后得到

$$G = G_0 + RT\ln\left(\frac{P}{P_0}\right) \tag{2-32}$$

式中，G_0 是标准温度和压力（25℃和 1atm）下的吉布斯自由能；P_0 是参考压力或标准压力（1atm）。

对于任何一个化学反应

$$jA + kB \longrightarrow mC + nD \tag{2-33}$$

吉布斯自由能变化是产物和反应物之间的变化

$$\Delta G = mG_C + nG_D - jG_A - kG_B \tag{2-34}$$

代入式（2-32）后得到

$$\Delta G = \Delta G_0 + RT\ln\left(\frac{\left(\frac{P_C}{P_0}\right)^m \left(\frac{P_D}{P_0}\right)^n}{\left(\frac{P_A}{P_0}\right)^j \left(\frac{P_B}{P_0}\right)^k}\right) \tag{2-35}$$

此式称为能斯特（Nernst）方程，式中，P 是反应物或产物的分压力；P_0 是参考压力（即 1atm 或 101.25kPa）。

对于氢氧燃料电池反应，能斯特方程变为

$$\Delta G = \Delta G_0 + RT\ln\left(\frac{P_{H_2O}}{P_{H_2}P_{O_2}^{0.5}}\right) \tag{2-36}$$

将式（2-18）引入式（2-36）得到

$$E = E_0 + \frac{RT}{nF}\ln\left(\frac{P_{H_2}P_{O_2}^{0.5}}{P_{H_2O}}\right) \tag{2-37}$$

此方程式仅适用于气态产物和反应物，当燃料电池中产生液态水时，$P_{H_2O} = 1$。从式（2-37）可以得出，在反应物压力较高时，会获得较高的电池电压。此外，如果反应物被稀释，例如使用空气代替纯氧，气体的分压与浓度成正比，因此获得的电池电压会降低。使用空气与使用氧气相比，理论电压损失 / 增益大小为

$$\Delta E = E_{O_2} - E_{Air} = \frac{RT}{nF} \ln \left(\frac{P_{O_2}}{P_{Air}} \right)^{0.5} = \frac{RT}{nF} \ln \left(\frac{1}{0.21} \right)^{0.5} \tag{2-38}$$

在 80℃时，上式中理论电压损耗为 0.012V，在燃料电池运行中，实际电压损耗比此理论值要大。

2.10 总结

如果所有吉布斯自由能均被有效利用，理想的电池电压为

$$E_{25℃,1atm} = \frac{-\Delta G}{nF} = \frac{237340 J \cdot mol^{-1}}{2 \times 96485 C \cdot mol^{-1}} = 1.23V \tag{2-39}$$

电池电压是温度和压力的函数

$$E_{T,P} = -\left(\frac{\Delta H}{nF} - \frac{T\Delta S}{nF} \right) + \frac{RT}{nF} \ln \left(\frac{P_{H_2} P_{O_2}^{0.5}}{P_{H_2O}} \right) \tag{2-40}$$

忽略此式中 dH 和 dS 随温度的变化（温度低于 100℃时变化很小），该方程变为

$$E_{T,P} = 1.482 - 0.000845T + 0.0000431T \ln(P_{H_2} P_{O_2}^{0.5}) \tag{2-41}$$

假如氢 / 空气燃料电池在 60℃条件下运行，反应气体在大气压下，产物为液态水，电池电压预计为

$$\begin{aligned} E_{T,P} &= 1.482 - 0.000845 \times 333.15 + 0.0000431 \times 333.15 \ln(1 \times 0.21^{0.5})V \\ &= 1.482 - 0.282 - 0.011V = 1.189V \end{aligned} \tag{2-42}$$

此式中，空气中的氧浓度（按体积计）为 21%，因此这种情况下的氧分压为大气压的 21%。

在 25℃、标准大气压下，燃料电池的理想效率为

$$\eta = \frac{\Delta G}{\Delta H} \times 100\% = \frac{-237.34 kJ \cdot mol^{-1}}{-286.02 kJ \cdot mol^{-1}} \times 100\% = 83\% \tag{2-43}$$

或者

$$\eta = \frac{E_0}{1.482\text{V}} \times 100\% = \frac{1.23\text{V}}{1.482\text{V}} \times 100\% = 83\%$$（2-44）

理想效率随温度升高而降低。在 60℃时，氢 / 空气燃料电池的理想效率为

$$\eta = \frac{E_0}{1.482\text{V}} \times 100\% = \frac{1.189\text{V}}{1.482\text{V}} \times 100\% = 80\%$$（2-45）

第3章
燃料电池电化学

3.1 电极动力学

燃料电池是一种电化学能量转换器，它的运行是基于在阳极和阴极上同时发生以下电化学反应：

在阳极

$$H_2 \rightarrow 2H^+ + 2e^- \tag{3-1}$$

在阴极

$$\frac{1}{2}O_2 + 2H^+ + 2e^- \longrightarrow H_2O \tag{3-2}$$

更准确地说，反应发生在导离子电解质和导电电极之间的界面上。由于燃料电池电化学反应中涉及气体，因此电极必须是多孔的，以使气体能够到达反应活性位点，同时产物水也能够离开反应位点。在阴极和阳极上的反应属于整体反应，并且都涉及几个中间反应过程和并行步骤。

3.1.1 反应速率

电化学反应涉及电荷转移和吉布斯能量变化[10]。电化学反应的速率由电荷从电解质移动到固体电极时必须克服的活化能势垒决定，反之亦然。电化学反应在电极表面进行的速度是电子释放或"消耗"的速度，即电流。电流密度是表面每单位面积的电流（电子或离子）。根据法拉第定律，电流密度 i 与转移的电荷和单位面积的反应物消耗成正比

$$i = nFj \tag{3-3}$$

式中，nF 是转移的电荷（$C \cdot mol^{-1}$）；j 是单位面积的反应物通量（$mol \cdot s^{-1} \cdot cm^{-2}$）。

因此，反应速率可以较容易地通过放置在电池外部的电流测量装置来测量，但是，测得的电流或电流密度实际上是净电流，即电极上的正向和反向电流之差。通常，电化学反应涉及物质的氧化或还原过程

$$R_d \longrightarrow O_x + ne \tag{3-4}$$

$$O_x + ne \longrightarrow R_d \tag{3-5}$$

在氢氧燃料电池中，阳极反应是氢的氧化过程，即方程式（3-1），其中氢被剥夺其电子，该反应的产物是质子和电子；阴极反应是氧还原过程，即方程式（3-2），生成的水作为产物。

在平衡条件下的电极上，即没有外部电流产生时，氧化和还原过程以相同的速率发生

$$O_x + ne \rightleftharpoons R_d \tag{3-6}$$

反应物质的消耗与其表面浓度成正比，对于方程式（3-6）的正向反应，即方程式（3-5）描述的反应，反应通量为

$$j_f = k_f C_{O_x} \tag{3-7}$$

式中，k_f 是正反应（还原）速率系数（s^{-1}）；C_{O_x} 是氧化反应物质的表面浓度（$mol \cdot cm^{-2}$）。

类似地，对于方程式（3-6）的逆向反应，即方程式（3-4）描述的反应，反应通量为

$$j_b = k_b C_{R_d} \tag{3-8}$$

式中，k_b 是逆反应（氧化）速率系数（s^{-1}）；C_{R_d} 是还原反应物质的表面浓度（$mol \cdot cm^{-2}$）。

这两个反应都释放或消耗电子，产生的净电流是释放和消耗的电子之差

$$i = nF(k_f C_{O_x} - k_b C_{R_d}) \tag{3-9}$$

在平衡状态时，尽管正/逆反应同时在两个方向上进行，净电流等于零。因此，这些反应在平衡状态下进行的速率称为交换电流密度。

3.1.2 反应常数和传递系数

从过渡态理论 [11] 可以看出，电化学反应的反应速率系数 k 是吉布斯自由能的函数 [10]

$$k = \frac{k_B T}{h} \exp\left(\frac{\Delta G}{RT}\right) \tag{3-10}$$

式中，k_B 为玻尔兹曼常数（$1.38 \times 10^{-23} \text{J} \cdot \text{K}^{-1}$）；$h$ 为普朗克常数（$6.626 \times 10^{-34} \text{J} \cdot \text{s}$）。

电化学反应的吉布斯自由能可以被认为由化学和电成分组成 [10]，在这种情况下，对于还原反应

$$\Delta G = \Delta G_{ch} + \alpha_{R_d} FE \qquad (3\text{-}11)$$

对于氧化反应

$$\Delta G = \Delta G_{ch} - \alpha_{O_x} FE \qquad (3\text{-}12)$$

式中，下标 ch 表示吉布斯自由能的化学成分；α 是传递系数；F 是法拉第常数；E 是电压。

文献中关于传递系数 α 和有时使用的对称因子 β 存在相当多的混淆，其中，对称因子 β 可严格用于涉及单个电子（$n=1$）的单步反应，它的理论值在 0 和 1 之间，但对于最典型的金属表面上的反应，它约为 0.5。此外，对称因子的定义方式要求阳极和阴极方向的对称因子之和为 1，因此如果还原反应为 β，则相反的氧化反应必须为 $1-\beta$。

然而，燃料电池中的两种电化学反应，即氧还原和氢氧化，都涉及不止一个步骤和不止一个电子。因此，当在稳定状态时，所有步骤的速率必须相等，并且由最慢的反应步骤决定，该步骤称为"决速步"。为了描述一个多步反应过程，一般不使用对称因子 β，而是使用一个实验性的参数，即传递系数，用 α 表示。$\alpha_{R_d} + \alpha_{O_x}$ 不一定必须单位相同，通常 $\alpha_{R_d} + \alpha_{O_x} = n/\nu$，其中 n 是整个反应中转移的电子数，而 ν 是化学计量数，定义为总反应发生一次时决速步必须发生的次数 [12]。

式（3-9）中正向（还原）和反向（氧化）反应速率系数分别为

$$k_f = k_{0,f} \exp\left(\frac{\alpha_{R_d} FE}{RT}\right) \qquad (3\text{-}13)$$

$$k_b = k_{0,b} \exp\left(\frac{\alpha_{O_x} FE}{RT}\right) \qquad (3\text{-}14)$$

3.1.3 电流电压关系：Butler-Volmer 方程

通过将净电流引入式（3-9），获得电流密度

$$i = nF\left[k_{0,f} C_{O_x} \exp\left(\frac{\alpha_{R_d} FE}{RT}\right) - k_{0,b} C_{R_d} \exp\left(\frac{\alpha_{O_x} FE}{RT}\right) \right] \qquad (3\text{-}15)$$

其中，在平衡状态时，尽管反应同时在两个方向上进行，此时电位为 E_r，净电流为零。这些反应在平衡状态下进行的速率称为交换电流密度 [10, 13]。

$$i_0 = nFk_{0,f}C_{O_x} \exp\left(\frac{\alpha_{R_d}FE_r}{RT}\right) = nFk_{0,b}C_{R_d} \exp\left(\frac{\alpha_{O_x}FE_r}{RT}\right) \tag{3-16}$$

通过结合式（3-15）和式（3-16），可得到电流密度和电压之间的关系

$$i = i_0\left\{\exp\left[\frac{\alpha_{R_d}F(E-E_r)}{RT}\right] - \exp\left[\frac{\alpha_{O_x}F(E-E_r)}{RT}\right]\right\} \tag{3-17}$$

此式称为巴特勒 - 福尔默（Butler-Volmer）方程，简称 B-V 方程，其中 E_r 是可逆电位或平衡电位。根据定义[14]，燃料电池阳极的可逆或平衡电位为 0V，阴极的可逆电位为 1.229V（在 25℃和大气压力条件下），但是阴极的可逆电位会随温度和压力变化而发生变化。电极电位与可逆电位之间的关系称为过电位，它是产生电流所需的电位差。

B-V 方程适用于燃料电池中的阳极和阴极反应

$$i_a = i_{0,a}\left\{\exp\left[\frac{\alpha_{R_{d,a}}F(E_a-E_{r,a})}{RT}\right] - \exp\left[\frac{\alpha_{O_{x,a}}F(E_a-E_{r,a})}{RT}\right]\right\} \tag{3-18}$$

$$i_c = i_{0,c}\left\{\exp\left[\frac{\alpha_{R_{d,c}}F(E_c-E_{r,c})}{RT}\right] - \exp\left[\frac{\alpha_{O_{x,c}}F(E_c-E_{r,c})}{RT}\right]\right\} \tag{3-19}$$

阳极的过电位为正（$E_a > E_{r,a}$），这使得式（3-18）的第一项与第二项相比可以忽略不计，即氧化电流占主导地位，此时式（3-18）可简化为

$$i_a = -i_{0,a}\exp\left[\frac{\alpha_{O_{x,a}}F(E_a-E_{r,a})}{RT}\right] \tag{3-20}$$

式中，产生的电流有一个负号，这表示电子正在离开电极（净氧化反应）。

同理，阴极上的过电位为负（$E_c < E_{r,c}$），这使得式（3-19）的第一项远大于第二项，即还原电流占优势，因此式（3-19）可简化为

$$i_c = i_{0,c}\exp\left[\frac{\alpha_{R_{d,c}}F(E_c-E_{r,c})}{RT}\right] \tag{3-21}$$

其中，式（3-20）和式（3-21）不适用于电流值非常小时的工况。

若氢氧燃料电池使用 Pt 催化剂，上述方程式中的传递系数 α 大约为 1[10, 14]。很明显，在燃料电池阳极侧电子数为 2，而在阴极侧电子数为 4，其中电子数 n 与传递系数 α 的乘积大小约为 1。Larminie 和 Dicks[15]认为，氢燃料电池阳极（涉及 2 个电子）α 为 0.5，阴极（涉及 4 个电子）α 为 0.1 ~ 0.5。而 Newman 和 Balsara[16]认为 α 指定在 0.2 ~ 2 的范围内会更合理。

3.1.4 交换电流密度

电化学反应中的交换电流密度 i_0 类似于化学反应中的速率常数，但与速率常数不同，交换电流密度取决于物质浓度，见式（3-16），同时也是温度的函数，见式（3-10）。而有效交换电流密度（单位电极几何面积）是电极催化剂负载量和催化剂比表面积的函数，如果根据实际催化剂表面积给出参考交换电流密度（在参考温度和压力下），则任何温度和压力下的有效交换电流密度由以下等式[17]给出

$$i_0 = i_0^{ref} a_c L_c \left(\frac{P_r}{P_r^{ref}} \right)^{\gamma} \exp\left[\frac{E_C}{RT} \left(1 - \frac{T}{T_{ref}} \right) \right] \qquad （3-22）$$

式中，i_0^{ref} 是单位催化剂表面积的参考交换电流密度（$A \cdot cm^{-2}Pt$）（在参考温度和压力条件下，通常指 25℃ 和 101.25kPa）；a_c 是催化剂比表面积（Pt 催化剂的理论极限为 $2400cm^2 \cdot mg^{-1}$，文献中催化剂的比表面积为 $600 \sim 1000cm^2 \cdot mg^{-1}$，通过掺杂进一步优化电极结构的催化剂，比表面积可增加 30%）；L_c 是催化剂载量（较为先进的电极载量为 $0.3 \sim 0.5mgPt \cdot cm^{-2}$，已证明催化剂载量可低于 $0.1mgPt \cdot cm^{-2}$）；P_r 是反应物分压（kPa）；P_r^{ref} 是参考压力（kPa）；γ 是压力相关系数（$0.5 \sim 1.0$）；E_C 是活化能（Pt 催化剂氧还原时的活化能为 $66kJ \cdot mol^{-1}$）；R 是气体常数（$8.314J \cdot mol^{-1} \cdot K^{-1}$）；$T$ 是温度（K）；T_{ref} 是参考温度（298.15K）。

a_c 与 L_c 的乘积又称电极粗糙度，含义是催化剂表面面积（cm^2）或每个电极几何面积（cm^2）。分压比也可以使用催化剂表面处的浓度比代替。交换电流密度是电极准备进行电化学反应的量度，如果交换电流密度高，则电极表面更活跃。在电池中，阳极的交换电流密度比阴极大很多，甚至大几个数量级。交换电流密度越高，电荷从电解质移动到催化剂表面时必须克服的能垒越低，反之亦然。换句话说，交换电流密度越高，在任何过电位下产生的电流就越多。

因为氢氧燃料电池中的阳极交换电流密度比阴极交换电流密度大几个数量级（在 25℃ 和 1atm 条件下酸性电解质时分别约为 $10^{-3}A \cdot cm^{-2}Pt$ 和 $10^{-9}A \cdot cm^{-2}Pt$），阴极上的过电位远大于阳极过电位。因此，电池电压/电流关系通常仅由式（3-22）近似确定。

3.2 电压损失

如果向燃料电池供应反应气体但电路未闭合（图 3-1a），将不会产生任何电流，对于给定的条件（温度、压力和反应物浓度），人们会期望电池电压处于或至少接近理论电池电

压。然而，在实践中，这种被称为开路电压（OCV）的电压值明显低于理论电压值，通常小于1V。这表明，即使没有产生外部电流，燃料电池中也会一直存在一些损耗。如图3-1b所示，当电路中带有负载（例如电阻器）且外电路闭合时，产生电流的同时也会无法避免地产生电压损失。燃料电池中存在不同种类的电压损失，由以下因素引起：

1）电化学反应动力学。

2）内部电子电阻和离子电阻。

3）反应物到达反应位点的输运阻力。

4）内（杂散）电流。

5）反应物的交叉混合。

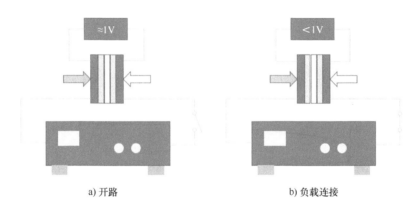

a) 开路   b) 负载连接

图 3-1　带负载的燃料电池

尽管机械和电气工程师更喜欢使用电压损耗来描述燃料电池中的电压损失，（电）化学工程师使用极化或过电位等术语，但它们都具有相同的物理意义：电极电位和平衡电位之间的差值。从电化学工程师的角度来看，这种差异是反应的驱动因素，而从机械或电气工程师的角度来看，这代表了电压和功率的损失。

3.2.1 活化极化

如式（3-17）所示，需要一些与平衡态之间的电压差才能使电化学反应进行，这称为活化极化。活化极化与缓慢的电极动力学有关，交换电流密度越高，活化极化损失越低。这些损失分别发生在阳极和阴极，然而，氧还原的活化极化损失更高，也就是说，它是比氢氧化慢得多的反应。

如前文所述，诸如燃料电池阴极在相对较高的负过电位（即低于平衡电位的电位）下，B-V方程中的第一项占主导地位，它允许式（3-21）将电位表示为电流密度的函数

$$\Delta V_{act,c} = E_{r,c} - E_c = \frac{RT}{\alpha_c F} \ln \left(\frac{i}{i_{0,c}} \right) \tag{3-23}$$

图 3-2 显示了 Pt 氧还原的典型活化极化导致的电压损失。同理，阳极处于正过电位（即高于平衡电位）下，B-V 方程中的第二项成为主导项

$$\Delta V_{act,a} = E_a - E_{r,a} = \frac{RT}{\alpha_a F} \ln \left(\frac{i}{i_{0,a}} \right) \tag{3-24}$$

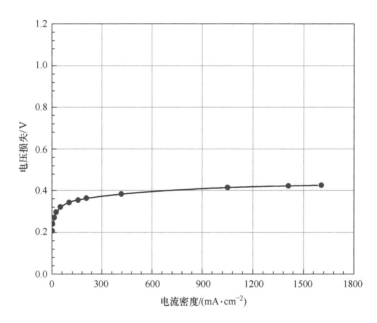

图 3-2　Pt 氧还原的典型活化极化导致的电压损失

根据定义，在电化学中，氢氧化反应（HOR）的可逆电位在所有温度下都为零[14]，这也是常使用标准氢电极作为参比电极的原因，因此，对于氢阳极，$E_{r,a} = 0V$。此外，HOR 的活化极化远小于氧还原反应（ORR）的活化极化。

描述活化损失的一种简化方法是使用 Tafel（塔费尔）方程

$$\Delta V_{act} = a + b \lg(i) \tag{3-25}$$

式中，b 为 Tafel 斜率。Tafel 方程式（3-25）是经验方程，但是，式（3-25）与式（3-23）和式（3-24）具有相同的形式。通过将式（3-23）和式（3-24）与式（3-25）进行比较，不难发现，Tafel 方程中的系数 a 和 b 分别为

$$a = -2.3 \frac{RT}{\alpha F} \lg(i_0), \quad b = 2.3 \frac{RT}{\alpha F}$$

需要注意的是，在任何给定温度下，Tafel 斜率 b 仅取决于传递系数 α 的大小。

如果以电流密度的对数作为横坐标绘制电压 - 电流关系，则很容易获得 a、b 和 i_0 等主要参数值，如图 3-3 所示。

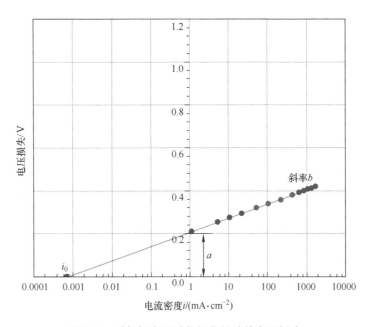

图 3-3　对数标度下活化极化导致的电压损失

如果这些活化极化是燃料电池中的唯一损失，则电池电压为

$$E_{\text{cell}} = E_{\text{c}} - E_{\text{a}} = E_{\text{r}} - \Delta V_{\text{act,c}} - \Delta V_{\text{act,a}} \tag{3-26}$$

$$E_{\text{cell}} = E_{\text{r}} - \frac{RT}{\alpha_{\text{c}}F}\ln\left(\frac{i}{i_{0,\text{c}}}\right) - \frac{RT}{\alpha_{\text{a}}F}\ln\left(\frac{i}{i_{0,\text{a}}}\right) \tag{3-27}$$

如果忽略阳极极化，上述方程变为

$$E_{\text{cell}} = E_{\text{r}} - \frac{RT}{\alpha F}\ln\left(\frac{i}{i_0}\right) \tag{3-28}$$

此式与 Tafel 方程式（3-25）形式相同。

3.2.2　内电流和交叉损耗

虽然电解质是一种聚合物膜，不导电且理论上也不渗透反应气体，但实际上少量的氢气会从阳极扩散到阴极，一些电子也可能会通过膜找到流通的"捷径"。因为每个氢分子都包含两个电子，所以这种燃料交叉和所谓的内部电子电流本质上是等价的。每个氢分子通过聚合物电解质膜扩散并与燃料电池阴极侧的氧发生反应，导致电池中通过外部电路产生电子电流的电子减少两个。因为氢渗透率或电子交叉率比氢消耗率或产生的总电流低几个数量级，因此这些损失在燃料电池运行中可能显得微不足道。然而，当燃料电池处于 OCV 或以非常低的电流密度运行时，这些损耗可能会对电池电压产生巨大影响，如图 3-4 所示。

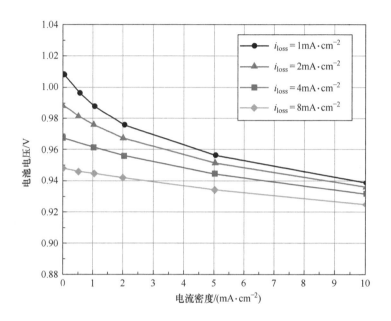

图 3-4　内部电流和氢交叉损耗对开路电压的影响

电池总电流是外部（有用的）电流和由于燃料交叉和内电流造成的电流损失之和

$$I = I_{ext} + I_{loss} \tag{3-29}$$

电流除以电极有效面积 A，就是电流密度（$A \cdot cm^{-2}$）

$$i = \frac{I}{A} \tag{3-30}$$

所以

$$i = i_{ext} + i_{loss} \tag{3-31}$$

如果此总电流密度用于电池近似电压的方程式（3-28），则得出下式

$$E_{cell} = E_r - \frac{RT}{\alpha F} \ln\left(\frac{i_{ext} + i_{loss}}{i_0}\right) \tag{3-32}$$

因此，即使外部电流为零（例如在开路时），电池电压也可能明显低于给定条件下

的可逆电池电压。实际上，氢/空气燃料电池的开路电压（OCV）通常低于 1V，一般为 0.94～0.97V（取决于工作压力和膜的水合状态）

$$E_{\text{cell,OCV}} = E_{\text{r}} - \frac{RT}{\alpha F} \ln\left(\frac{i_{\text{loss}}}{i_0}\right) \tag{3-33}$$

尽管氢交叉和内电流是等效的，但它们在燃料电池中的物理效应不同。电子损失出现在电化学反应发生后，因此对阳极和阴极活化极化将具有式（3-32）所示的影响。渗透过电解质膜的氢气不参与阳极侧的电化学反应，在这种情况下，电化学反应产生的总电流将与外部电流相同。然而，透过膜到达阴极侧的氢气可能与催化剂表面的氧气发生反应，即 $H_2 + 1/2\,O_2 \longrightarrow H_2O$，因此会使阴极"去极化"，即降低阴极（和电池）电位。因此式（3-32）和式（3-33）只是一个近似值。

此外，氧气也可以透过电解质膜，但是氧气透过率远低于氢气透过率。氧气透过膜对燃料电池性能的影响类似于氢交叉损失，但在这种情况下，阳极会出现"去极化"现象。

氢交叉是膜渗透性、膜厚度和膜两侧氢分压（即氢浓度）差的函数，其中膜两侧的氢分压是主要驱动力。在一般实践中，如果出现非常低的开路电压（比如显著低于 0.9V）时，可能原因是氢气泄漏或电气短路。

随着燃料电池开始产生电流，催化层中的氢浓度降低，从而降低了氢渗透通过膜的驱动力，因此，这是这些损耗在工作电流下可以忽略不计的原因之一。

3.2.3 欧姆（电阻）极化

由于电解质中离子流动的阻力和通过燃料电池导电组件的电子流动的阻力而发生欧姆损失，可以用欧姆定律表示

$$\Delta V_{\text{ohm}} = iR_{\text{i}} \tag{3-34}$$

式中，i 是电流密度（$A \cdot cm^{-2}$）；R_{i} 是电池总内阻（包括离子电阻、电子电阻和接触电阻等，单位为 $\Omega \cdot cm^2$）

$$R_{\text{i}} = R_{\text{i,i}} + R_{\text{i,e}} + R_{\text{i,c}} \tag{3-35}$$

其中，电子电阻几乎可以忽略不计，即使使用石墨或石墨/聚合物复合材料作为集流器/双极板也是如此，而离子电阻和接触电阻不能忽略且数量级大致相同[17, 18]。R_{i} 的典型值介于 0.1～0.2$\Omega \cdot cm^2$ 之间，图 3-5 显示了燃料电池中典型的欧姆极化损失（$R_{\text{i}} = 0.15\Omega \cdot cm^2$）。

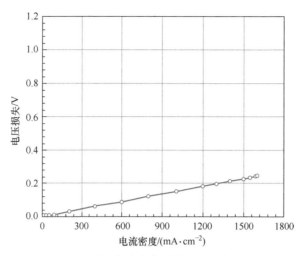

图 3-5　燃料电池中典型的欧姆极化损失

3.2.4　浓差极化

当电化学反应在电极处迅速消耗反应物从而建立浓度梯度时，就会发生浓差极化。我们之前了解到电化学反应电位随反应物分压的变化而变化，这种关系由能斯特（Nernst）方程给出

$$\Delta V = \frac{RT}{nF}\ln\left(\frac{C_B}{C_S}\right) \tag{3-36}$$

式中，C_B 是反应物的体积浓度（$mol \cdot cm^{-3}$）；C_S 是催化剂表面的反应物浓度（$mol \cdot cm^{-3}$）。

根据菲克第一扩散定律，反应物的通量与浓度梯度成正比

$$N = \frac{D(C_B - C_S)}{\delta}A \tag{3-37}$$

式中，N 是反应物通量（$mol \cdot s^{-1}$）；D 是反应物的扩散系数（$cm^2 \cdot s^{-1}$）；A 是电极活性面积（cm^2）；δ 是扩散距离（cm）。

在稳态下，正如式（3-3）所示，电化学反应中反应物消耗的速率等于扩散通量

$$N = \frac{I}{nF} \tag{3-38}$$

结合式（3-37）和式（3-38），得到如下关系

$$i = \frac{nFD(C_B - C_S)}{\delta} \tag{3-39}$$

因此，催化剂表面的反应物浓度取决于电流密度，即电流密度越高，表面浓度越低。当消耗速率等于扩散速率时，表面浓度为零；换句话说，反应物以与到达表面相同的速率

被消耗，因此反应物在催化剂表面的浓度为零，这种情况下的电流密度称为极限电流密度。燃料电池产生的电流不能超过极限电流，因为催化剂表面没有更多的反应物。因此，当 $C_S = 0$ 时，极限电流密度为

$$i_L = \frac{nFDC_B}{\delta} \tag{3-40}$$

结合式（3-36）、式（3-39）和式（3-40），得到浓差极化引起的电压损失关系

$$\Delta V_{conc} = \frac{RT}{nF} \ln\left(\frac{i_L}{i_L - i}\right) \tag{3-41}$$

由式（3-41）可知，当接近极限电流时，电池电压会急剧下降，如图 3-6 所示。然而，由于多孔电极区域的不均匀环境，在实际燃料电池中几乎从未产生过极限电流。为了实现在达到极限电流密度时电池电位的急剧下降，电流密度必须在整个电极表面上保持均匀，这几乎从来没有发生过，因为电极表面由离散颗粒组成，一些粒子可能会达到极限电流密度，而其余粒子可能会正常运行。

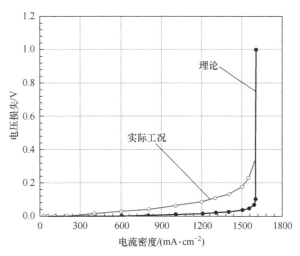

图 3-6　燃料电池中的浓差极化损失

在实际燃料电池中，在极限电流下没有出现电池电压急剧下降的另一个原因是交换电流密度是催化剂表面反应物浓度 C_S 的函数，当电流密度接近极限电流密度时，表面浓度和由此导致的交换电流密度接近零，见式（3-22），这会导致额外的电压损耗，见式（3-27）或式（3-28）。

正如 Kim 等人[19] 所建议的，下述经验方程式可以更好地描述极化损失

$$\Delta V_{conc} = c \exp\left(\frac{i}{d}\right) \tag{3-42}$$

式中，c 和 d 是经验系数，Larminie 等人[15]建议 c 取 3×10^{-5}V 、d 取 0.125A · cm^{-2}，但是很显然，这些系数取决于燃料电池内部的条件，因此每个燃料电池必须通过实验进行确定。

3.3 电池电压：极化曲线

图 3-7 显示了燃料电池中三种电压损失的比例，可以看出，在任何电流密度下，活化极化损失是最大的损失。

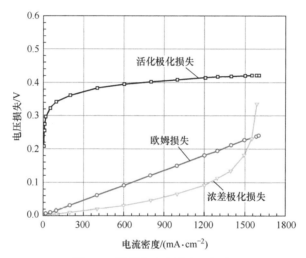

图 3-7 燃料电池中的电压损失

阳极和阴极都可能发生活化极化和浓差极化。因此，电池电压为

$$V_{\text{cell}} = E_r - (\Delta V_{\text{act}} - \Delta V_{\text{conc}})_a - (\Delta V_{\text{act}} - \Delta V_{\text{conc}})_c - \Delta V_{\text{ohm}} \tag{3-43}$$

将式（3-23）、式（3-24）、式（3-34）、式（3-41）代入式（3-43），得到燃料电池电压与电流密度的关系，即燃料电池极化曲线

$$E_{\text{cell}} = E_{r,T,P} - \frac{RT}{\alpha_c F}\ln\left(\frac{i}{i_{0,c}}\right) - \frac{RT}{\alpha_a F}\ln\left(\frac{i}{i_{0,a}}\right) - \frac{RT}{nF}\ln\left(\frac{i_{L,c}}{i_{L,c}-i}\right) - \frac{RT}{nF}\ln\left(\frac{i_{L,a}}{i_{L,a}-i}\right) - iR_i \tag{3-44}$$

此外，若考虑式（3-32），这将解释氢交叉和内部电流损耗

$$\begin{aligned}
E_{\text{cell}} = {} & E_{r,T,P} - \frac{RT}{\alpha_c F}\ln\left(\frac{i_{\text{ext}}+i_{\text{loss}}}{i_{0,c}}\right) - \frac{RT}{\alpha_a F}\ln\left(\frac{i_{\text{ext}}+i_{\text{loss}}}{i_{0,a}}\right) - \\
& \frac{RT}{nF}\ln\left(\frac{i_{L,c}}{i_{L,c}-i_{\text{ext}}-i_{\text{loss}}}\right) - \frac{RT}{nF}\ln\left(\frac{i_{L,a}}{i_{L,a}-i_{\text{ext}}-i_{\text{loss}}}\right) - \\
& (i_{\text{ext}}+i_{\text{loss}})R_{i,i} - i_{\text{ext}}(R_{i,e}+R_{i,c})
\end{aligned} \tag{3-45}$$

另一个复杂因素是，交换电流密度以及氢交叉损失与催化层中的局部反应物浓度成正比，该浓度随着反应速率的增加而降低，即随电流密度的增加而降低。如果在式（3-35）~式（3-40）中使用类似的参数，假设反应物浓度随着电流密度的增加而线性降低，则可以推导出以下方程

$$i_{loss}(i_{ext}) = i_{loss}^{ref} \frac{i_L - i_{ext}}{i_L - i_{loss}^{ref}} \tag{3-46}$$

$$i_0(i_{ext}) = \frac{i_0^{ref}}{i_L}(i_L - i_{ext} - i_{loss}) \tag{3-47}$$

式中，i_{loss}^{ref} 是表面浓度等于体积浓度时的电流损失，类似地，i_0^{ref} 定义为表面浓度等于体积浓度时的交换电流密度。需要注意的是，当没有外部电流（i_{ext}）时，在存在氢交叉或内部电流损失的情况下，表面浓度可能不等于体积浓度。

因此，足够精确的近似燃料电池极化曲线可以表示为

$$E_{cell} = E_{r,T,P} - \frac{RT}{\alpha F}\ln\left(\frac{i}{i_0}\right) - \frac{RT}{nF}\ln\left(\frac{i_L}{i_L - i}\right) - iR_i \tag{3-48}$$

此式具有与式（3-44）相同的形式和参数，但仅适用于假设阳极损失与阴极损失相比可以忽略不计的情况。如果不能忽略阳极活化损失，则燃料电池极化曲线仍然可以用式（3-48）表示，但在这种情况下有如下关系

$$\frac{1}{\alpha} = \frac{1}{\alpha_a} + \frac{1}{\alpha_c} \text{ 和 } i_0 = i_{0,a}^{\alpha/\alpha_a} i_{0,c}^{\alpha/\alpha_c}$$

图 3-8 显示了如何通过从平衡电位中减去活化极化损失、欧姆极化损失和浓差极化损失来形成电池极化曲线。图 3-8 中阳极和阴极的极化损失集中在一起，但如前文所述，由于 ORR 缓慢，大部分损失发生在阴极上。

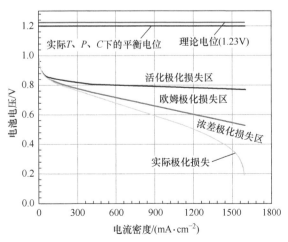

图 3-8 电池极化曲线

3.4 电池内部的电位分布

图 3-9 说明了氢 / 空气燃料电池在电池横截面上的电位分布[17]。在开路时，没有电流产生，阳极处于参考电位或零电位，而阴极处于与给定温度、压力和氧气浓度下的可逆电位（Nernst 电压）相对应的电位。一旦产生电流，阴极和阳极固相电位（固相是指导电部分）之间的差异，即为测量的电池电压，由于各种损耗而下降，如前文所述。

需要注意的是，电化学反应发生在催化层三维（3D）空间的活性位点上，在阴极催化层与电解质之间的界面处，质子和电子浓度最高，最容易发生 ORR；但是在此界面向阴极气体扩散层延伸的方向上，质子和电子不断被反应消耗，其浓度非线性降低，在电阻率不变的情况下，质子电位和电子电位也呈现非线性变化，正如图 3-9 所示。类似地，阳极催化层的电子和质子电位呈现类似的非线性变化。一般而言，电子在气体扩散层的电子电位呈线性变化，遵循欧姆定律。

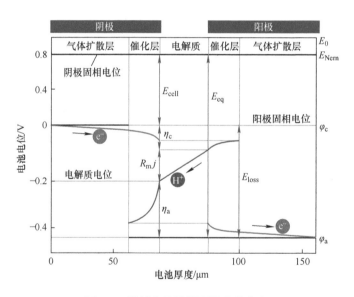

图 3-9　燃料电池横截面的电位分布

电池电压等于可逆电池电位（或平衡电位 E_{eq}）减去电压损失

$$E_{cell} = E_r - E_{loss} \qquad (3\text{-}49)$$

其中电压损失由阳极和阴极上的活化极化损失、浓差极化损失以及欧姆损失组成，如前文所述

$$E_{loss} = (\Delta V_{act} + \Delta V_{conc})_a + (\Delta V_{act} + \Delta V_{conc})_c + \Delta V_{ohm} \qquad (3\text{-}50)$$

电池电压等于阴极和阳极固相电位之差

$$E_{\text{cell}} = E_{\text{c}} - E_{\text{a}} \qquad (3-51)$$

式中，阴极电位为

$$E_{\text{c}} = E_{\text{r,c}} - (\Delta V_{\text{act}} + \Delta V_{\text{conc}})_{\text{c}} \qquad (3-52)$$

阳极电位为

$$E_{\text{a}} = E_{\text{r,a}} - (\Delta V_{\text{act}} + \Delta V_{\text{conc}})_{\text{a}}$$
$$E_{\text{r,a}} = 0 \quad (\text{用户自定义}) \qquad (3-53)$$

所有这些电位都可以在图 3-9 中找到。

3.5 极化曲线参数的灵敏度

极化曲线是燃料电池及描述其性能最重要的特征，即使是简化的极化曲线方程也与许多参数有关

$$E_{\text{cell}} = E_{r,T,P} - \frac{RT}{\alpha F} \ln\left(\frac{i + i_{\text{loss}}}{i_0}\right) - \frac{RT}{nF} \ln\left(\frac{i_{\text{L}}}{i_{\text{L}} - i}\right) - i R_{\text{i}} \qquad (3-54)$$

了解每个参数对极化曲线的影响会很有用，以上述方程式为基准，从而产生了真实的燃料电池极化曲线，如图 3-10 所示，选择的参数如下：

1）燃料：氢气。

2）氧化剂：空气。

3）温度：333K。

4）压力：101.3 kPa（大气压）。

5）气体常数 R：8.314J·mol^{-1}·K^{-1}。

6）传递系数 α：1。

7）涉及的电子数 n：2。

8）法拉第常数 F：96485C·mol^{-1}。

9）电流损失 i_{loss}：0.002A·cm^{-2}。

10）参考交换电流密度 i_0：3×10^{-6}A·cm^{-2}。

11）极限电流密度 i_{L}：1.6A·cm^{-2}。

12）内阻 R_{i}：0.15Ω·cm^2。

将上述数值代入式（3-54）中，得到如图 3-10 所示燃料电池的典型极化曲线。

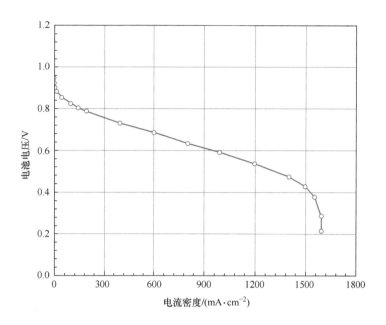

图 3-10 燃料电池的典型极化曲线

3.5.1 传递系数 / 塔费尔斜率的影响

传递系数 α 对燃料电池性能有很大影响，一般其典型值约为 1（有些文献使用 α_n 代替 α，此时 $\alpha_n \approx 1$），图 3-11 显示了 $\alpha=0.5$、$\alpha=1.0$ 和 $\alpha=1.5$ 时燃料电池的性能。

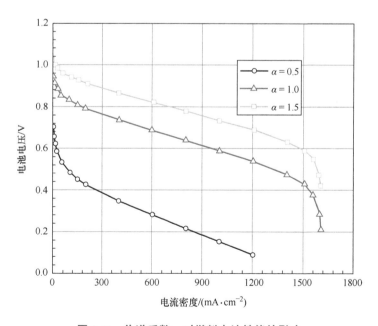

图 3-11 传递系数 α 对燃料电池性能的影响

传递系数 α 是 Tafel 斜率的决定因素，Tafel 斜率 b 是方程式（3-25）中的一个参数，定义为

$$b = 2.3\frac{RT}{\alpha F}$$

氢氧燃料电池的典型值中，Tafel 斜率为 $0.066\ \text{V} \cdot \text{dec}^{-1}$ [⊖]。当 α=0.5 和 α=1.5 时，Tafel 斜率分别为 $0.132\text{V} \cdot \text{dec}^{-1}$ 和 $0.044\text{V} \cdot \text{dec}^{-1}$。图 3-12 显示了三个不同 Tafel 斜率值的极化曲线，为方便起见，曲线以电流密度的对数标度绘制，而电池电压已针对电阻损失进行了校正，且忽略浓差极化损失，在这种情况下，极化曲线变成一条直线。由图 3-12 中可见，较大的 Tafel 斜率会导致较低的电池性能。

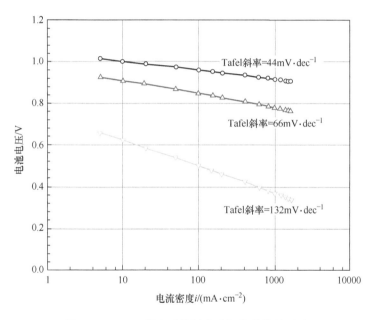

图 3-12　Tafel 斜率对燃料电池极化曲线的影响

3.5.2　交换电流密度的影响

图 3-13 显示了三种不同交换电流密度时的极化曲线，交换电流密度每增加一个数量级，整条曲线上移了大约 b 的距离，即增加了一个 Tafel 斜率大小。因此，更高的交换电流密度导致更好的燃料电池性能。

⊖ dec 表示对数尺度下 10 倍差距。

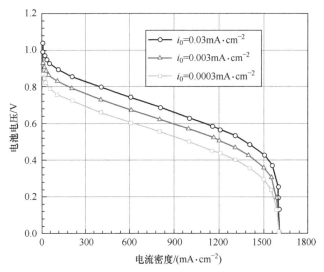

图 3-13　交换电流密度对燃料电池极化曲线的影响

3.5.3　氢交叉和内部电流损失的影响

如前文所述，氢交叉和内部电流损失仅在电流密度非常低的情况下产生影响，如图 3-14 所示，这些损耗降低了电池电流密度低于 $100mA \cdot cm^{-2}$ 时的开路电压，氢交叉和内部电流损失的典型值一般为 $1 \sim 10mA \cdot cm^{-2}$，即使更高一个数量级的损失也不会在较高电流密度下对燃料电池极化曲线产生明显更大的影响。

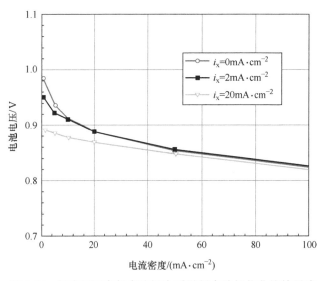

图 3-14　氢交叉和内部电流损失对燃料电池极化曲线的影响

3.5.4 内阻的影响

电阻或欧姆损失与电流密度成正比,内阻的典型值一般在 $0.1 \sim 0.2\Omega \cdot cm^2$ 之间,如图 3-15 所示。若内阻高于 $0.2\Omega \cdot cm^2$ 时,表示电池材料选择不当、接触压力不足或膜干燥严重。

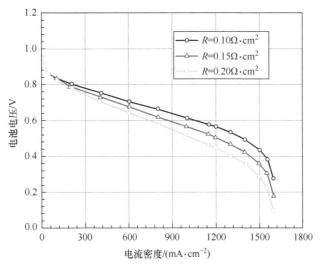

图 3-15 电池内阻对其极化曲线的影响

3.5.5 极限电流密度的影响

极限电流密度仅在接近极限电流密度且非常高的电流密度时有明显影响,如图 3-16 所示,在低电流密度下几乎没有影响,即低电流密度时三个不同极限电流密度的三条极化曲线相互重叠。

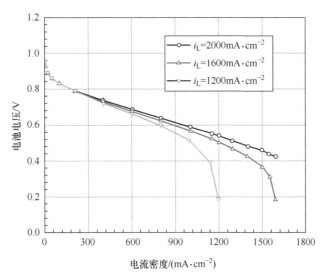

图 3-16 极限电流密度对燃料电池极化曲线的影响

3.5.6 工作压力的影响

电池工作压力的增加会导致更高的电池电位，原因如下：

1）能斯特方程为

$$E = E_0 + \frac{RT}{nF} \ln \left(\frac{P_{H_2} P_{O_2}^{0.5}}{P_{H_2O}} \right) \tag{3-55}$$

2）由于电极中反应气体浓度的增加，导致交换电流密度增加。须记住，交换电流密度与表面浓度成正比，见式（3-16），而表面浓度又与压力成正比。如式（3-22）所示，交换电流密度的压力不同于参考/环境压力，即

$$i_0 = i_{0,P_0} \left(\frac{P}{P_0} \right)^{\gamma} \tag{3-56}$$

高压下燃料电池电压的增量为

$$\Delta V = \frac{RT}{nF} \ln \left[\left(\frac{P_{H_2}}{P_0} \right) \left(\frac{P_{O_2}}{P_0} \right)^{0.5} \right] + \frac{RT}{\alpha F} \ln \left(\frac{P}{P_0} \right)^{\gamma} \tag{3-57}$$

对于给定的条件，反应气体压力从大气压增加到200kPa时，电池电压的增量为34mV，而从大气压增加到300kPa时的预期增量为55mV（假设 $\gamma = 1$）。该增量适用于任何电流密度，这会导致高压下的极化曲线升高，如图3-17所示。此外，高压可能会通过改善气态物质的传质来对极限电流密度产生影响，然而，使用氢/空气燃料电池在高压下运行时，由于空

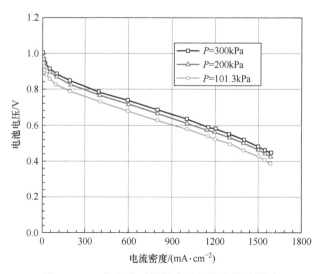

图3-17 工作压力对燃料电池极化曲线的影响

气压缩机的运行，会导致需要额外的能量，这可能会抵消电压增量。当氢气和氧气都由加压罐提供时，不需要额外的空气压缩机能量消耗，在高压下操作可能是有利的，此时唯一的限制因素可能是燃料电池的结构。

3.5.7 空气与氧气的影响

如果使用纯氧代替空气，可能会产生类似增加气体压力的效果。由于空气中的氧气浓度仅为 21%，因此使用纯氧操作会产生类似于将空气压力升高 1/0.21 倍时的电压增加。

氧气代替空气时预期增加的电压为

$$\Delta V = \frac{RT}{nF}\ln\left[\left(\frac{1}{0.21}\right)^{0.5}\right] + \frac{RT}{\alpha F}\ln\left(\frac{1}{0.21}\right) \qquad (3\text{-}58)$$

在给定条件下，计算得到的电压增量为 56mV。此外，纯氧操作通常不会导致明显的浓差极化，因此，在较高电流密度下的电压增量甚至比计算得出的 56mV 更大，如图 3-18 所示。

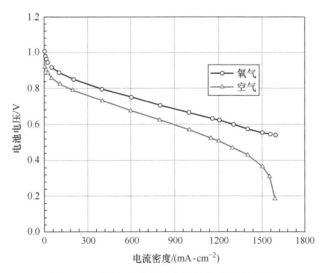

图 3-18　氧浓度对燃料电池极化曲线的影响

3.5.8 工作温度的影响

工作温度对燃料电池性能的影响不能简单地通过描述先前导出的极化曲线的方程来预测。温度在极化曲线的每一项中都显式和隐式出现，在某些情况下，温度升高可能会导致电压增加，而在某些情况下可能会导致电压降低。由于 $T\Delta S/nF$，温度升高理论上会导致理论电压损失［式（2-18）和表 2-4］，它还会导致更高的 Tafel 斜率，进而导致电压损失（图 3-12）。另一方面，温度升高会导致更高的交换电流密度［式（3-22）］和更好的电解质膜的离子电导率，并显著改善传质性能。此外，气体可能含有大量的水蒸气，在较高温度下，可能减少出现液态水"水淹"的机会，避免严重的性能衰减。燃料电池的性能通常会随着温度的升高而提高，但只能在达到一定的温度范围内适用，这可能因电池的构造和运行条件不同而有差异。图 3-19 显示了一个实验的结果，其中电池温度从 −10℃升至 60℃，得到的极化曲线清楚地表明，电压随着温度升高而增加。

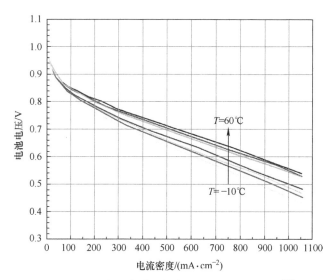

图 3-19　工作温度对燃料电池极化曲线的影响 [20]

3.6　燃料电池效率

燃料电池效率定义为产生的电力和消耗氢气之间的比率。当然，两者必须是相同的单位，例如 W 或 kW，效率表示如下

$$\eta = \frac{W_{el}}{W_{H_2}} \quad (3-59)$$

产生的电能是电压和电流之间的乘积

$$W_{el} = IV \quad (3-60)$$

式中，I 是电流（A）；V 是电池电位（V）。根据法拉第定律，消耗的氢气与电流成正比

$$N_{H_2} = \frac{I}{nF} \quad (3-61)$$

式中，N_{H_2} 以 $mol \cdot s^{-1}$ 为单位，并且

$$W_{H_2} = \Delta H \frac{I}{nF} \tag{3-62}$$

式中，W_{H_2} 为耗氢能量值（W）；ΔH 为氢的较高热值（$286kJ \cdot mol^{-1}$）。

需要注意的是，$\Delta H/nF$ 的量纲是 V，对应于较高热值 $\Delta H = 286kJ \cdot mol^{-1}$ 时电池电压为 1.482V，即所谓的热中性电压。

通过结合式（3-59）~ 式（3-62），燃料电池效率与电池电压成正比

$$\eta = \frac{V}{1.482V} \tag{3-63}$$

有时会用较低的热值（LHV）（$\Delta H_{LHV} = 241kJ \cdot mol^{-1}$）代替氢气的较高热值（HHV）（$\Delta H_{HHV} = 286kJ \cdot mol^{-1}$）。较高和较低热值之间的差异是产物水冷凝的热量，因为产物水可能以任何一种形式离开燃料电池，即作为液体或蒸汽形式存在，所以这两个值都是正确的；但是，必须指定用于计算效率的热值类型。较低热值对应的效率为

$$\eta_{LHV} = \frac{V}{1.254V} \tag{3-64}$$

如果由于氢通过膜扩散、与通过膜扩散的氧结合或由于内部电流而损失一些氢，则氢消耗将高于产生的电流对应的氢消耗 [式（3-61）]，此时，燃料电池效率会略低于式（3-63）给出的值。通常，这种损失非常低，在 $1 \sim 10mA \cdot cm^{-2}$ 数量级，因此它仅在电流密度非常低的情况下影响燃料电池效率，如图 3-14 所示。燃料电池效率是电压效率和电流效率的乘积

$$\eta = \frac{V}{1.482V} \frac{i}{i + i_{loss}} \tag{3-65}$$

如果向电池供应的氢气超过反应化学计量所需的氢气，这种过量在燃料电池中将不会被使用。在纯氢的情况下，多余的氢可能会再循环回电堆，如果不考虑氢再循环泵所需的功率，则它不会改变燃料电池的效率。但如果进料不是纯氢（例如在重整气体中），未使用的氢气离开燃料电池，不参与电化学反应，那么燃料电池效率为

$$\eta = \frac{V}{1.482V} \eta_{fu} \tag{3-66}$$

式中，η_{fu} 是燃料利用率，等于 $1/S_{H_2}$，其中 S_{H_2} 是氢气化学计量比，即在电化学反应中实际供应给燃料电池的氢气量与消耗的氢气量之比

$$S_{H_2} = \frac{N_{H_2,act}}{N_{H_2,theor}} = \frac{nF}{I} \cdot N_{H_2,act} \tag{3-67}$$

设计良好的燃料电池在使用重整燃料运行时，燃料利用率可达到 83% ~ 85%，而使用纯氢运行时可达到 90% 以上。此外，式（3-67）中的效率项包含在式（3-66）中的燃料利用率 η_{fu} 中。

3.7 燃料电池极化曲线的含义和应用

极化曲线是燃料电池最重要的特性，可用于诊断目的以及确定和控制燃料电池的大小。除了电压 - 电流关系，关于燃料电池的其他信息也可以通过分析电压 - 电流数据获得。

3.7.1 极化曲线产生的其他曲线

功率是电压和电流的乘积，见式（3-60），同理，功率密度（$W \cdot cm^{-2}$）是电压和电流密度的乘积

$$w = Vi \tag{3-68}$$

功率密度与电流密度的关系可以与极化曲线绘制在同一张图上，如图 3-20 所示，图中显示了燃料电池可以达到的最大功率密度，一般而言，在超过该最大功率条件下运行燃料电池是没有意义的，因为在较低的电流和较高的电压下可能会获得相同的功率输出。尽管图 3-20 中最大功率密度约为 $0.6W \cdot cm^{-2}$，但已有文献表明 PEM 燃料电池的功率密度可超过 $1W \cdot cm^{-2}$。

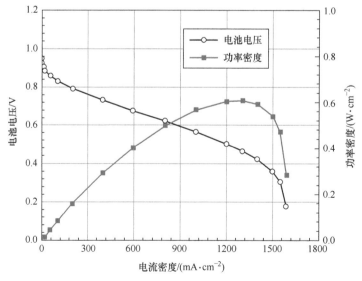

图 3-20　典型的燃料电池极化曲线和产生的功率密度曲线

如果绘制电池电压与功率密度的关系图，如图 3-21 所示，则可获得相同的信息，即也可获得电池可以达到的最大功率密度。因为燃料电池效率与电池电压成正比 [式（3-63）和式（3-65）]，此图也显示了电池效率和功率密度之间的关系。对于具有如图 3-20 所示极化曲线的燃料电池，在效率为 33% 时达到最大功率，这显然低于 83% 的最大理论燃料电池效率。若使燃料电池达到更高的效率，则功率密度要低得多。这意味着对于所需的功率输出，通过选择极化曲线或效率 - 功率密度上的任何工作点，可以使燃料电池尺寸更大（具有更大的活性面积）和更高效，或者更紧凑但效率更低。通常，燃料电池的尺寸接近最大功率密度的可能性很低，而更常见的是，一般工作点选择在 0.7V 左右的电池电压。图 3-21 所示功率密度为 $0.36W \cdot cm^{-2}$ 时将获得 47% 的效率，对于需要更高效率的应用，可以选择更高的标称电池电压（0.8V 或更高），此时燃料电池效率为 55% 至 60% 之间，但功率密度将低于 $0.1W \cdot cm^{-2}$。相似地，对燃料电池尺寸很重要的应用，可以选择较低的标称电池电压（约 0.6V），此时将获得更高的功率密度，即尺寸更小的燃料电池。

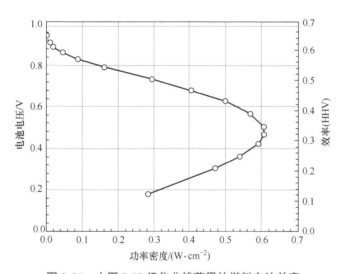

图 3-21　由图 3-20 极化曲线获得的燃料电池效率

尽管图 3-21 表明燃料电池效率可能超过 60%，此时电流密度和功率密度非常低，在实践中这种情况很少见。在非常低的电流密度下，氢交叉和内部电流损耗虽然非常小，但效率 - 功率密度曲线特性变得很重要。对于特定情况，燃料电池最高效率可达到 55% 左右，如图 3-22 所示。

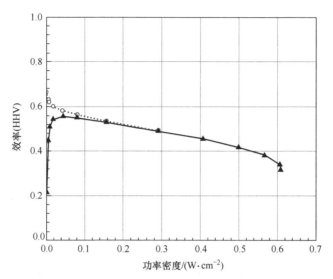

图 3-22 燃料电池效率与功率密度曲线（实线和虚线分别为没有内部电流和氢交叉损耗）

3.7.2 极化曲线的线性近似

有时需要快速计算燃料电池效率与功率大小的关系，与描述燃料电池极化曲线的方程［例如式（3-54）］不同，极化曲线的线性近似可以很容易进行计算操作。线性近似实际上非常适合大多数燃料电池及其实际工作范围，如图 3-23 所示。

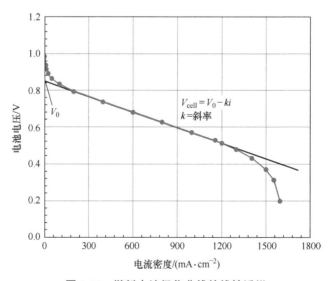

图 3-23 燃料电池极化曲线的线性近似

线性极化曲线的形式为

$$V_{cell} = V_0 - ki \qquad (3-69)$$

式中，V_0 是截距（实际开路电压比这个值大）；k 是直线的斜率。在这种情况下，电流密度为

$$i = \frac{V_0 - V_{cell}}{k} \qquad (3-70)$$

作为电池电压函数的功率密度为

$$w = \frac{V_{cell}(V_0 - V_{cell})}{k} \qquad (3-71)$$

可以看出，最大功率密度为

$$w_{max} = \frac{V_0^2}{4k} \qquad (3-72)$$

此时达到的最大电池电压为

$$V_{cell}\big|_{w_{max}} = \frac{V_0}{2} \qquad (3-73)$$

3.7.3 应用极化曲线确定燃料电池尺寸

计算实例：

氢/空气燃料电池极化曲线的参数为：$\alpha = 1$，$i_0 = 0.001 mA \cdot cm^{-2}$，$R_i = 0.2\Omega \cdot cm^2$；工作条件为：$T = 60℃$，$P = 101.3kPa$；工作电压选择 0.6V，有效催化面积为 $100cm^2$。计算以下问题：

1）计算标准输出功率。

2）若通过提高内部电阻至 $R_i = 0.15\Omega \cdot cm^2$ 来提高燃料电池性能，计算工作电压为 0.6V 时增加的功率。

3）假设气体流量不足以保证该燃料电池以更高的电流密度运行，如果改进的燃料电池要在原始电流密度下运行，计算功率和效率分别增加了多少。

4）假设不需要额外电源，如果改进的燃料电池以原始输出功率运行，计算效率增加了多少。

解答：

1）输出功率方程式为：$W_{el} = V_{cell}iA$，其中 $V_{cell} = 0.6V$，$A = 100cm^2$，电流密度 i 由极化

曲线确定。

因为没有说明氢交叉和内部电流损耗，也没有给出极限电流的大小，所以燃料电池极化曲线可由下式计算

$$V_{cell} = E_r - \frac{RT}{\alpha F}\ln\left(\frac{i}{i_0}\right) - iR_i$$

式中，$V_{cell}=0.6V$；$E_r=1.482-0.000845T+0.0000431\times T\times\ln(P_{H_2}P_{O_2}^{0.5})=1.482-0.000845\times333.15+0.0000431\times333.15\times\ln(0.21^{0.5})V=1.189V$；$R=8.314 J\cdot mol^{-1}\cdot K^{-1}$；$T=60℃=333.15K$；$\alpha=1$，$n=2$；$F=96485C\cdot mol^{-1}$；$i_0=0.001mA\cdot cm^{-2}$；$R_i=0.2\Omega\cdot cm^2$。

电流密度不能用前面的方程直接计算，但可以通过以下方式获得：

① 通过绘制极化曲线。

② 通过迭代。

③ 通过线性近似。

该燃料电池的极化曲线与电流密度在0.6V时工作点a的图形解如图3-24所示。

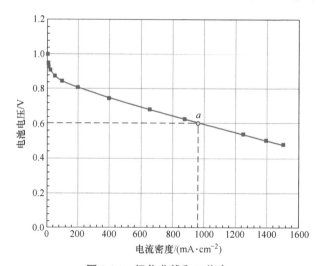

图3-24 极化曲线和工作点 a

在0.6V时，产生的电流密度为

$$i = 970mA\cdot cm^{-2}$$

燃料电池输出功率为

$$W_{el} = V_{cell}iA = 0.6\times0.970\times100W = 58.2W$$

2）提高内部电阻后，新的极化曲线如图3-25所示，因此，新的电流密度为

$$i = 1.25A\cdot cm^{-2}$$

新的燃料电池输出功率为

$$W_{el} = V_{cell}iA = 0.6 \times 1.25 \times 100W = 75.0W$$

功率增量为

$$\Delta W = 75.0 - 58.2W = 16.8W$$

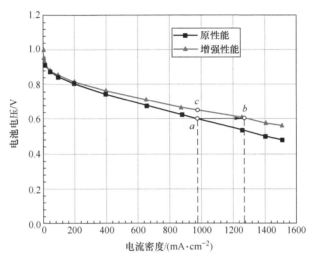

图 3-25　性能提高前后的极化曲线及其工作点 *b* 和 *c*

3）电池电压计算公式为：$V_{cell} = E_r - \dfrac{RT}{\alpha F}\ln\left(\dfrac{i}{i_0}\right) - iR_i$ ，即

$$V_{cell} = 1.189 - \frac{8.314 \times 333.15}{1 \times 96485}\ln\left(\frac{970}{0.001}\right) - 0.97 \times 0.15V = 0.648V$$

新的燃料电池输出功率为

$$W_{el} = V_{cell}iA = 0.648 \times 0.97 \times 100W = 62.9W$$

相对于原燃料电池，新燃料电池的功率增量为

$$\Delta W = 62.9 - 58.2W = 4.7W$$

改进前的效率为

$$\eta = \frac{V_{cell}}{1.482V} = \frac{0.6V}{1.482V} = 0.405$$

改进后的效率为

$$\eta = \frac{V_{cell}}{1.482V} = \frac{0.648V}{1.482V} = 0.437$$

4）燃料电池输出功率为

$$100V_{cell}i = 58.2W$$

从极化曲线（图 3-26）得到另一个 V_{cell}-i 的关系

$$V_{cell} = 1.189 - \frac{8.314 \times 333.15}{1 \times 96485} \ln\left(\frac{i}{0.001}\right) - i \times 0.15V$$

上述两个方程共含有两个未知数，即 V_{cell} 和 i，可以通过迭代或图形方式求解二元一次方程，解为

$$V_{cell} = 0.666V, \; i = 875mA \cdot cm^{-2}$$

需要注意的是，图 3-26 中的点 a 和 d（原工作点和新工作点）位于两条不同的极化曲线上，但位于同一恒定功率线上。

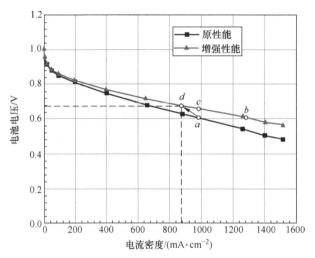

图 3-26　以工作点 d 为例

新的效率为

$$\eta = \frac{V_{cell}}{1.482V} = \frac{0.666V}{1.482V} = 0.449$$

因此，该燃料电池的内部电阻从 $0.2\Omega \cdot cm^2$ 降低到 $0.15\Omega \cdot cm^2$ 时，可以使电池效率从 0.405 提高到 0.449（提高约 10%），同时保持电池 58.2W 的相同功率输出。

第4章

燃料电池材料物性数学描述

4.1 电池内过程描述

聚合物是燃料电池的核心部件之一，它是一种质子传导膜。膜的每一侧都有一个电极，其中，电极必须是多孔的，这是因为反应气体是从背面供给，并且必须到达电极和膜之间的界面，在界面处的催化层中发生所谓的电化学反应，或者更准确地说，发生在催化剂表面上。从技术角度讲，催化层可以是多孔电极的一部分或膜的一部分，这取决于电极的制造工艺。夹在两个电极之间的多层膜组件通常称为膜电极组件（MEA），MEA 夹在集流板 / 分离板之间，称为集流板是因为它们收集和传导电流，而称为分离板是因为在多组单电池配置的电堆中它们分离相邻电池中的气体。同时，在多电池配置中，它们将一个电池的阴极通过物理 / 电连接到相邻电池的阳极，这也是被称为双极板的原因。双极板提供了反应气体流动的路径（所谓的流场），还为电池提供了较好的机械强度。

燃料电池内部会发生以下物理化学过程，其中下述编号分别对应于图 4-1 中的数字：

① 气流通过流道，在多孔层中可能会发生对流。

② 通过多孔介质的气体扩散。

③ 电化学反应，包括所有中间步骤。

④ 质子通过质子导电聚合物膜传输。

⑤ 通过导电电池组件的电子传导。

⑥ 水通过聚合物膜的传输，包括电化学阻力和反向扩散作用。

⑦ 通过多孔催化层和气体扩散层的水传输（包括气态水和液态水）。

⑧ 未反应气体携带水滴的两相流动。

⑨ 传热，包括通过电池固体成分的热传导以及反应气体和冷却介质之间的对流传热。

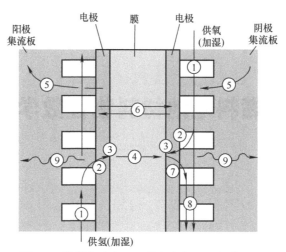

图 4-1　燃料电池主要组件和内部物理化学过程

显然，燃料电池材料成分和特性的设计必须满足最小的传输阻力和损失，以适应上述过程。但是，在某些组件中一般会发生多个过程，且存在相互矛盾的要求，所以必须对组件进行特性和设计的优化。例如，必须优化气体扩散层，使反应气体易于扩散，但同时以相反方向流动的水不会聚积在多孔气体扩散层的孔隙中，此外，扩散层（或有时称为集流层）必须既导电又导热。尽管燃料电池似乎是一个非常简单的设备，但许多过程同时发生，重要的是要了解这些过程，研究它们的相互依存性，以及它们对组件设计和材料特性的依赖性。

根据经验，得到燃料电池第一定律：不能只改变燃料电池中的一个参数而达到预期的效果；一个参数的变化会导致至少两个其他参数的变化，并且其中至少有一个参数会与预期看到的效果相反。

4.2　膜

燃料电池的膜必须表现出相对较高的质子传导率，必须为避免燃料和反应气体的混合提供足够的阻隔作用，并且必须在燃料电池环境中具有化学和机械稳定性[21]。通常，PEM 燃料电池的膜由全氟碳磺酸（PSA）离聚物制成，本质上是四氟乙烯（TFE）和各种全氟磺酸盐单体的共聚物。最著名的膜材料是杜邦公司制造的 Nafion 材料，它的成分是全氟磺酰氟乙基丙基乙烯基醚（PSEPVE），图 4-2 是全氟磺酸盐（PFSA）离聚物（例如 Nafion）的化学结构。Fumat-

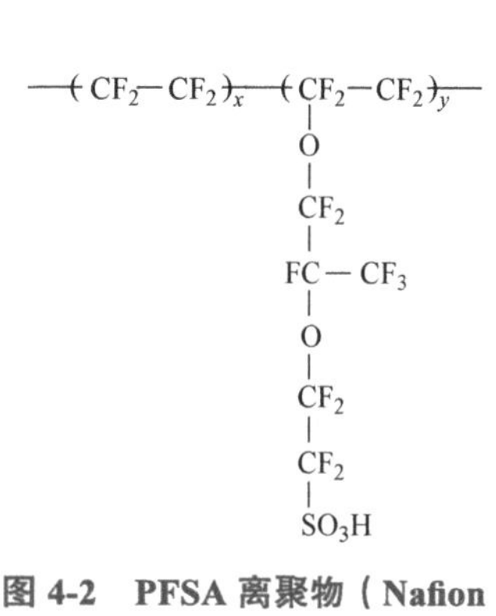

图 4-2　PFSA 离聚物（Nafion）的化学结构

ech（Fumion 膜）、Asahi Glass（FLEMION 膜）、Asahi Chemical（Aciplex 膜）、Chlorine Engineers（"C"膜）和 Dow Chemical 等其他制造商也已开发和销售类似的商业材料，W. L. Gore & Associates 开发了一种复合/增强膜，它由提供机械强度和尺寸稳定性的聚四氟乙烯（PTFE）类成分和提供质子传导性的全氟磺酸成分组成。

SO$_3$H 基团是离子键合，所以侧链末端实际上是一个 SO$_3^-$ 离子与一个 H$^+$ 离子，这就是为什么这种结构被称为离聚物的原因。由于它们的离子性质，侧链的末端倾向于聚集在膜的整体结构内。虽然 PTFE 骨架具有高度疏水性，但侧链末端的磺酸具有高度亲水性，在磺化侧链簇周围产生亲水区域，这就是为什么这种材料会吸收相对大量的水（在某些情况下高达 50% 的重量），H$^+$ 离子在水合良好区域内的运动使这些材料具有质子传导性。

Nafion 膜以不同的尺寸和厚度挤压成型，它们标有字母 N，后面跟三位或四位数字，其中前两位数字表示当量重量除以 100 的值，最后一位或两位数字是膜厚度，单位为密耳（mil）（1mil = 0.001in = 0.0254mm）。Nafion 膜有多种厚度可供选择，包括 2mil、3.5mil、5mil、7mil 和 10mil（分别为 50μm、89μm、127μm、178μm、254μm）。例如，Nafion N117 的当量重量为 1100g·eq^{-1}、厚度为 7mil（0.178mm）。聚合物膜中的当量重量（EW，单位为 g·eq^{-1}）可由以下等式表示

$$EW = 100n + 446 \tag{4-1}$$

式中，n 是每个 PSEPVE 单体的平均 TFE 基团数[22]。

EW 实际上是离聚物内离子浓度的量度，Nafion 膜的 EW 典型值为 1100g·eq^{-1}，不过，已经合成和研究出了 EW 低至 700g·eq^{-1} 的材料。一般而言，EW 值大于 1500g·eq^{-1} 的共聚物的离子电导率不足以用于实际的燃料电池应用，而 EW 低于 700g·eq^{-1} 的共聚物通常机械完整性较差。

自 2004 年以来，已根据特殊合成过程通过氟化端基获得了化学稳定性很好的离聚物[23]。与不稳定的聚合物相比，用这种改进的离聚物制成的膜氟离子释放显著降低，这表明改进了化学耐久性；通过分散生产，并以 Nafion NR211 和 NR212 等名称出售，厚度分别为 1mil 和 2mil（分别为 25μm 和 50μm），当量重量为 990~1050g·eq^{-1}[23]。Nafion N115、N117、N1110、NR211 和 NR212 的性能见表 4-1[24, 25]。

3M 公司开发了一种新的离聚物全氟酰亚胺酸（PFIA），它具有极低的当量重量（EW = 625g·eq^{-1}），添加剂可提高化学稳定性，聚合物纳米纤维可提高机械稳定性[26]。与其他可用的膜相比，这种新型膜显示出优异的机械稳定性、化学稳定性和导电性，它已达到美国能源部（DOE）2015 年关于电导率和其他物理特性的目标。

表 4-1 Nafion 膜的性能表

性能		聚合物膜的类型	
		N115, N117, N1110	NR211, NR212
密度 /（g·cm⁻³）		198	197
拉伸模量 /MPa	相对湿度（RH）= 50%, 23℃	249	
	水浸，23℃	119	
	水浸，100℃	64	
抗拉强度 /MPa	相对湿度（RH）= 50%, 23℃①	43（N115）MD，32（N115）TD	23（NR211）MD，28（NR211）TD
	水浸，23℃	34（N115）MD，26（N115）TD	32（NR212）MD，32（NR212）TD
	水浸，100℃	25（N115）MD，24（N115）TD	
电导率 /（S·cm⁻¹）		0.10	0.105@25℃，0.116@100℃
离子交换容量 /（meq·g⁻¹）		0.91	0.95（NR211），1.01（NR212）
当量重量 /（g·eq⁻¹）		1100	990（NR211），1050（NR212）
氢交叉 /（mL·min⁻¹·cm⁻²）			< 0.020（NR211），< 0.010（NR212）
含水量（% 水）		5	5 ± 3
吸水率（% 水）		38	50 ± 3
厚度变化（% 增加）	从 RH = 50%、23℃ 到水浸、23℃	10	
	从 RH = 50%、23℃ 到水浸、100℃	14	
线性膨胀（% 增加）②	从 RH = 50%、23℃ 到水浸、23℃	10	10
	从 RH = 50%、23℃ 到水浸、100℃	15	15

① MD 指纵向，TD 指横向，在 23℃和 RH = 50% 条件下进行测量[30]。
② MD 和 TD 值的平均值；N 型膜 MD 膨胀略小于 TD，NR 型膜的 MD 与 TD 相似。

4.2.1 吸水量

聚合物膜的质子电导率取决于膜结构及其含水量。膜中的含水量通常表示为每克干重聚合物的含水克数或聚合物中每个磺酸基团的水分子数，即 $\lambda = N(H_2O)/N(SO_3H)$。膜的吸水量与下列因素有关：

1）膜中的最大吸水量取决于用于平衡膜的水状态。研究表明，与液态水平衡的 Nafion 膜每个磺酸盐基团大约可吸收 22 个水分子，而从气相水中最大吸水量仅为 14 个水分子每个磺酸盐基团。

2）膜从液相中吸水量取决于膜的预处理。Zawodzinski 等人[27, 28]认为，膜在 105℃下完全干燥后的吸水量明显小于膜在室温下干燥后的吸水量；当 $\lambda = 12 \sim 16$ 时，膜吸水量取决于之前在 105℃的再水合温度，而当 $\lambda = 22$ 时，与先前在室温下干燥膜的再水合温度无关，这可以通过高温下的聚合物形态变化来解释。实际上，对于玻璃化转变温度略高于 Nafion 的实验性 Dow 膜，105℃干燥的效果不如 Nafion 膜明显，即在 80℃再水合后膜表现出与先前在室温下干燥膜相同的吸水量（$\lambda = 25$）。

3）膜从气相中吸收水可能与燃料电池操作相关。反应气体被加湿并且水以气相形式存在时，离子交换聚合物的一般吸水量如图 4-3 所示，可以看出，从气相中吸水有两个不同的步骤，即：

① 在低蒸汽活度区，水活度 a_{H_2O} = 0.15 ~ 0.75，吸水量增加到 5 左右。

② 在高蒸汽活度区，水活度 a_{H_2O} = 0.75 ~ 1.0，吸水量急剧增加至 14.4 左右。

其中，第一步对应于膜中离子通过溶

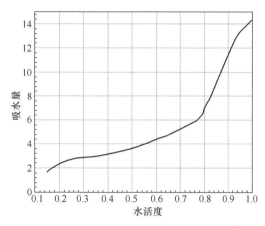

图 4-3 质子传导膜在 30℃时的吸水量[29]

剂化吸收水，而第二步对应于填充孔并使聚合物溶胀的水。重要的是，膜从完全饱和蒸汽相（$a_{H_2O} = 1$）中吸收的水量明显低于液相（$a_{H_2O} = 1$），即分别为 $\lambda = 14$ 和 $\lambda = 22$。这种现象由施罗德于 1903 年首次报道，因此被称为施罗德悖论（Schroeder's paradox）[21]。膜从气相和液相吸收水的这种差异，一个可能解释是气相吸附涉及聚合物内部的水冷凝，最有可能在强疏水性聚合物主链上冷凝，由此产生的吸收低于直接从液相发生的吸附和吸收[21]。

根据实验结果，Zawodzinski 等人[28]拟合多项式方程以获得膜表面的水分活度与含水量之间的关系

$$\lambda = 0.043 + 17.18a - 39.85a^2 + 36a^3 \qquad (4\text{-}2)$$

式中，a 是蒸汽活度。假设气体混合物为理想气体，则蒸汽活度可以用相对湿度代替，因此 $a = p/p_{sat}$，其中 p 是水分压，p_{sat} 是给定温度下的饱和压力。

4.2.2 物理性质

吸水导致膜膨胀并改变其尺寸，这是燃料电池设计和组装时必须要考虑的一个非常重要的因素。表 4-1 列出了不同含水量下 Nafion 膜的一些关键特性，可以看出，膜尺寸变化在 10% 左右。

1995 年，Gore 推出了 GORE-SELECT 膜，这是一种专门针对 PEM 燃料电池应用的新型微增强膨胀 PTFE 聚合物电解质膜[29]，微增强材料使 GORE-SELECT 膜能够利用不具备

足够力学性能的离聚物（即 EW < 1000g·eq^{-1} 的离聚物），与类似的非增强 Nafion 膜相比，这些膜具有更高的强度、更好的尺寸稳定性、更低的透气性和更高的电导率[29]。

4.2.3 质子电导率

质子传导性是燃料电池中聚合物膜最重要的性能之一。当量重量 EW 为 1100g·eq^{-1} 的离聚物质子导电膜中的电荷载流子密度与 1mol/L 硫酸水溶液中的电荷载流子密度相似。一般来说，完全水合膜中的质子迁移率仅比硫酸水溶液中的质子迁移率低一个数量级，因此，完全水合膜的质子电导率在室温下约为 0.1S·cm^{-1}。PFSA 膜的电导率是含水量和温度的函数，如图 4-4 和图 4-5 所示，可以看出，当 $\lambda > 5$ 时，含水量和质子电导率之间的关系几乎是线性的；当 $\lambda < 5$ 时，吸水量却很少（图 4-3），这可能表明在磺化侧链末端周围的簇中没有足够的水，因此，质子是被磺酸盐基团隔离。$\lambda = 14$ 时的电导率（用水蒸气平衡的膜）约为 0.06S·cm^{-1}，质子电导率随温度升高而显著增加（图 4-5），在 80℃下，浸入水中膜的质子电导率达到 0.18S·cm^{-1}。基于这些测量，Springer 等人[31] 将离子电导率 κ（S·cm^{-1}）与含水量和温度相关联，表达式如下

$$\kappa = (0.005139\lambda - 0.00326)\exp\left[1268\left(\frac{1}{303} - \frac{1}{T}\right)\right] \qquad (4\text{-}3)$$

Zawodzinski 等人[32] 提出了 Nafion 类材料离子电导率的几种可能方式（图 4-6）：

1）含水量非常低（$\lambda = 2 \sim 4$）时，水合氢离子（H_3O^+）通过运载机制迁移。

2）随着含水量的增加（$\lambda = 5 \sim 14$），水合氢离子更容易迁移。

3）在膜完全水合（$\lambda > 14$）时，界面区域的水存在离子-偶极弱相互作用，并且水和离子都能自由迁移。

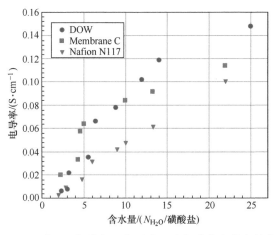

图 4-4　不同质子导电膜在 30℃时电导率与膜水合状态的关系[28]

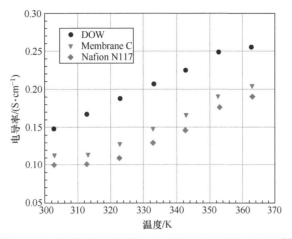

图 4-5　各种质子导电膜浸入水时的电导率随温度变化 [28]

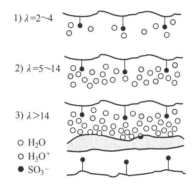

图 4-6　水和水合氢离子在不同水合水平下通过 PFSA 离聚物的传递机制 [32]

4.2.4　水传输

通过聚合物膜的水传输机制有几种，由于电化学反应，水在阴极侧产生，水生成速率（ $mol \cdot s^{-1} \cdot cm^{-2}$ ）为

$$N_{H_2O,gen} = \frac{i}{2F} \tag{4-4}$$

式中， i 是电流密度（ $A \cdot cm^{-2}$ ）； F 是法拉第常数。

如前文所述，通过电解质移动的质子将水从阳极拖到阴极，这称为电渗阻力。由电渗阻力引起的水通量（ $mol \cdot s^{-1} \cdot cm^{-2}$ ）为

$$N_{H_2O,drag} = \xi(\lambda) \frac{i}{F} \tag{4-5}$$

式中， ξ 是电渗阻力系数，定义为每个质子的水分子数。通常，该系数是膜含水量（ λ ）的函数，根据测量方法和数据拟合的不同，已报道的结果表明此系数变化较大 [21]。测量电渗

阻力的一种方法是将电流通过膜并监测水柱的水位[33]，Laconti 等人[33] 使用这种方法测量了膜含水量在 15 ~ 25 范围内的每个质子 2 ~ 3 个水分子的阻力系数，得出的结论是阻力系数降低与浸没膜的含水量成线性关系。Zawodzinski 等人[29] 使用相同的方法测量了完全水化和浸没的 Nafion N1100 膜的阻力系数为 $2.5N(H_2O)/N(H^+)$，当 $\lambda = 11$ 时，阻力系数为 $0.9N(H_2O)/N(H^+)$。电渗阻力系数与膜含水量之间的线性关系为[28]

$$\xi(\lambda) = \frac{2.5\lambda}{22} \qquad (4\text{-}6)$$

Fuller 和 Newman[34] 开发了一种电化学方法，该方法基于在每一侧暴露于不同水活性的膜样品上产生不同的电化学电位，电化学阻力系数为

$$\xi(\lambda) = \frac{F\Delta\Phi}{RT \ln \dfrac{a_{H_2O,r}}{a_{H_2O,l}}} \qquad (4\text{-}7)$$

式中，$\Delta\Phi$ 是测得电压；a_{H_2O} 是水活度；下标 l 和 r 分别指膜的左、右两边。该方法适用于蒸汽平衡膜。Fuller 和 Newman[34] 指出，在 $5 \leqslant \lambda \leqslant 14$ 范围内的阻力系数基本恒定为 $1.4N(H_2O)/N(H^+)$，在 $0 \leqslant \lambda \leqslant 5$ 范围内，阻力系数逐渐下降到零。Zawodzinski 等人[35] 使用更广泛的水活度，在 $1.4 \leqslant \lambda \leqslant 14$ 范围内测得阻力系数为 $1.0N(H_2O)/N(H^+)$。

水的产生和电渗阻力会在膜上产生很大的水浓度梯度，此梯度会导致一些水从阴极扩散回阳极，水扩散速率（$mol \cdot s^{-1} \cdot cm^{-2}$）为

$$N_{H_2O,diff} = D(\lambda)\frac{\Delta c}{\Delta z} \qquad (4\text{-}8)$$

式中，D 是含水量 λ 的离聚物中的水扩散系数；$\Delta c/\Delta z$ 是沿 z 方向（通过膜）的水浓度梯度。通过聚合物膜测量水的扩散系数，已经发展了几种方法，包括：

1）Yeo 和 Eisenberg[36] 利用吸水动力学，获得扩散系数在 $1 \times 10^{-6} \sim 10 \times 10^{-6} cm^2 \cdot s^{-1}$ 之间，且在 0 ~ 99℃ 范围内扩散系数随温度升高而升高，活化能为 $18.8kJ \cdot mol^{-1}$。Eisman[37] 也报道了类似的结果。

2）Verbrugge[38] 开发的放射性示踪剂和电化学技术，测得在室温下、完全水合 Nafion 膜的水扩散系数为 $6 \times 10^{-6} \sim 10 \times 10^{-6} cm^2 \cdot s^{-1}$。

3）Slade 等人[39] 和 Zawodzinski 等人[30] 使用脉冲场梯度中子磁共振（NMR），测得完全水合 Nafion 膜水扩散系数接近 $10 \times 10^{-6} cm^2 \cdot s^{-1}$。Zawodzinski 等人[30] 还测量了水蒸气平衡下 Nafion 膜的水自扩散系数，发现在 30℃ 条件下，当膜中的含水量从 $\lambda = 14$ 下降到 $\lambda = 2$

时，扩散系数从 $6 \times 10^{-6} \mathrm{cm}^2 \cdot \mathrm{s}^{-1}$ 降低到 $0.6 \times 10^{-6} \mathrm{cm}^2 \cdot \mathrm{s}^{-1}$。

需要注意的是，上述放射性示踪剂和脉冲场梯度 NMR 技术测量的是水自扩散系数 D_S，而不是水通过聚合物膜的 Fickian 扩散或互扩散系数 D，并且需要进一步校正，因为它是 Fickian 水扩散系数，是在宏观研究中使用的水扩散传输特性[16]。关系式是

$$D = \frac{\partial(\ln a)}{\partial(\ln C_\mathrm{W})} D_\mathrm{S} \tag{4-9}$$

式中，a 是水的热力学活度；C_W 是膜中的水浓度（$\mathrm{mol} \cdot \mathrm{cm}^{-3}$）

$$C_\mathrm{W} = \frac{\rho_\mathrm{m}}{\mathrm{EW}} \lambda \tag{4-10}$$

式中，ρ_m 是膜密度（$\mathrm{g} \cdot \mathrm{cm}^{-3}$）；EW 是聚合物当量重量（$\mathrm{g} \cdot \mathrm{eq}^{-1}$）。

Motupally 等人[40]研究了 Nafion 膜中的水传输，并将文献中水扩散系数与自己实验和 Zawodzinski 等人[30]的结果进行比较，提出以下关系

$$D(\lambda) = 3.1 \times 10^{-3} \lambda (\mathrm{e}^{0.28\lambda} - 1) \exp\left(\frac{-2436}{T}\right), \quad 当\ 0 < \lambda \leqslant 3时 \tag{4-11}$$

$$D(\lambda) = 4.17 \times 10^{-4} \lambda (161 \times \mathrm{e}^{-\lambda} - 1) \exp\left(\frac{-2436}{T}\right), \quad 当\ 3 < \lambda < 17时 \tag{4-12}$$

相对于电渗阻力，方程（4-11）和方程（4-12）高估了反向扩散的作用，Nguyen 和 White[41]提出了另一种关系

$$D(\lambda) = (0.0049 + 2.02a - 4.53a^2 + 4.09a^3)D^0 \exp\left(\frac{2416}{303} - \frac{2416}{T}\right), \quad 当\ a \leqslant 1时 \tag{4-13}$$

$$D(\lambda) = [1.59 + 0.159(a-1)]D^0 \exp\left(\frac{2416}{303} - \frac{2416}{T}\right), \quad 当\ a > 1时 \tag{4-14}$$

式中，D^0 的建议值为 $5.5 \times 10^{-7} \mathrm{cm}^2 \cdot \mathrm{s}^{-1}$。

Husar 等人[42]实验发现，PEM 燃料电池的实际扩散系数更接近 Nguyen 和 White[41]提出的方程（4-13）和方程（4-14）计算值。除了由于浓度梯度引起的扩散之外，如果阴极和阳极之间存在压力差，水可能会从膜的一侧被液压推到另一侧。水的渗透率（$\mathrm{mol} \cdot \mathrm{s}^{-1} \cdot \mathrm{cm}^{-2}$）为[21]

$$N_{\mathrm{H_2O,hyd}} = k_{\mathrm{hyd}}(\lambda) \frac{\Delta P}{\Delta z} \tag{4-15}$$

式中，k_{hyd} 是含水量为 λ 的膜透水系数，$\Delta P / \Delta z$ 是沿 z 方向（通过膜）的压力梯度。

对于较薄的膜，水的反向扩散可能足以抵消由于电渗阻力引起的阳极干燥效应。然而，对于较厚的膜，干燥现象可能发生在阳极侧。Büchi 和 Scherer[43] 已经证明了这一现象，他们通过组合几层 Nafion 膜来制造较厚膜，结果表明，对于厚度高达 120μm 的膜，膜电阻与电流密度无关，但较厚的膜确实会增加膜电阻，如图 4-7 所示。

较厚的膜由几层组成，因此可以测量各层的电阻，如图 4-8 所示，唯一表现出电阻随电流密度增加的是靠近阳极侧的膜，这表明由于电渗阻力导致的干燥发生在阳极附近，因为反向扩散不足以抵消电渗阻力。

Janssen 和 Overvelde[44] 研究了 Nafion N105 和 Nafion N112 膜在燃料电池运行中的净水传输，发现有效阻力（跨膜的净水传输）比以前报道的要小，有效阻力在 −0.3 ~ +0.1 之间（负值是指背扩散高于电渗阻力），并且在很大程度上取决于阳极加湿。另外，没有发现有效阻力对反应物的化学计量比和压差的显著依赖性，这表明这些膜的水力渗透可以忽略不计。正如预期的那样，Nafion N112 膜的净阻力略低于较厚的 Nafion N105 膜。

4.2.5 气体渗透

理论上，膜是不可渗透的，以防止反应气体在电化学反应之前混合。然而，由于膜多孔结构和膜含水，以及氢和氧在水中的溶解度不为零，一些气体确实会渗透到膜中。

渗透率（mol·cm·s^{-1}·cm^{-2}·Pa^{-1}）是扩散率和溶解度的乘积

$$P_m = DS \tag{4-16}$$

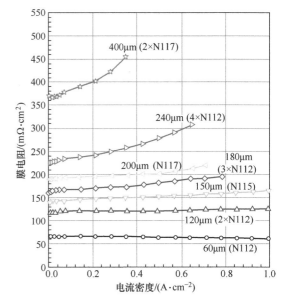

图 4-7　不同厚度 Nafion 膜的原位电阻随电流密度的变化（电池温度为 60℃）[43]

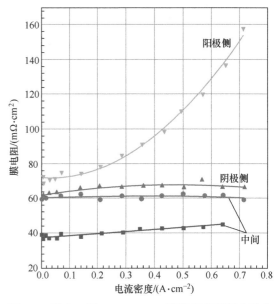

图 4-8　具有 4 层 Nafion N112 膜的氢氧燃料电池中膜电阻与电流密度的关系（电池温度为 60℃）[43]

式中，D是扩散率（$cm^2 \cdot s^{-1}$）；S是溶解度（$mol \cdot cm^{-3} \cdot Pa^{-1}$）。渗透率的常用单位是 Barrer

$$1Barrer = 10^{-10} \frac{cm^3 \cdot cm}{cm^2 \cdot s \cdot cmHg} = 3.35 \times 10^{-16} \frac{mol \cdot m}{m^2 \cdot s \cdot Pa} \tag{4-17}$$

氢在 Nafion 中的溶解度为 $S_{H_2} = 2.2 \times 10^{-10} mol \cdot cm^{-3} \cdot Pa^{-1}$，且与温度完全无关，扩散率是温度 T（K）的函数 [45, 46]

$$D_{H_2} = 0.0041 \exp\left(\frac{-2602}{T}\right) \tag{4-18}$$

氧溶解度（$mol \cdot cm^{-3} \cdot Pa^{-1}$）是温度的函数，由以下等式给出 [46, 47]

$$S_{O_2} = 7.43 \times 10^{-12} \exp\left(\frac{666}{T}\right) \tag{4-19}$$

氧扩散率（$cm^2 \cdot s^{-1}$）为 [45, 46]

$$D_{O_2} = 0.0031 \exp\left(\frac{-2768}{T}\right) \tag{4-20}$$

各种气体通过干燥 Nafion 膜的渗透率如图 4-9 所示，可见，氢的渗透性比氧高一个数量级。通过湿 Nafion 膜的渗透率如图 4-10 所示。可以预见，通过含水 Nafion 膜的渗透率略低于通过浸在水中 Nafion 膜的渗透率，并且通过干燥 Nafion 膜的渗透率略低于通过 Teflon 膜的渗透率。

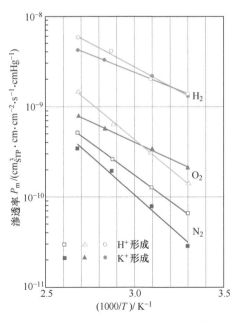

图 4-9　各种气体通过干燥 Nafion 膜的
渗透率 [48]

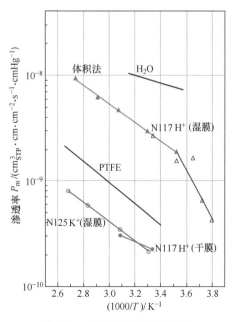

图 4-10　氧气分别通过干燥和
水合 Nafion 膜的渗透率 [48]

计算实例：

在25℃和101.3kPa（1atm）条件下，计算通过Nafion的氢渗透率（单位为Barrer）。

解答：

在25℃（298.15K）时，氢扩散率为

$$D_{H_2} = 0.0041 \times \exp\left(\frac{-2602}{298.15}\right) cm^2 \cdot s^{-1} = 6.65 \times 10^{-7} cm^2 \cdot s^{-1}$$

氢渗透率是扩散率和渗透率的乘积

$$P_m = 6.65 \times 10^{-7} cm^2 \cdot s^{-1} \times 2.2 \times 10^{-10} mol \cdot cm^{-3} \cdot Pa^{-1}$$
$$= 1.44 \times 10^{-16} mol \cdot cm \cdot s^{-1} \cdot cm^{-2} \cdot Pa^{-1}$$

任何气体的摩尔体积（$m^3 \cdot mol^{-1}$）为

$$V_m = \frac{RT}{P}$$

式中，R 为气体常数（$R = 8.314J \cdot mol^{-1} \cdot K^{-1}$）；$P$ 为压力（$P = 101300Pa$）；T 为温度（$T = 298.15K$）。则

$$V_m = \frac{8.314 \times 298.15}{101300} m^3 \cdot mol^{-1} = 0.02447 m^3 \cdot mol^{-1} = 24470 cm^3 \cdot mol^{-1}$$

因此，氢在25℃和101.3kPa（1atm）条件下通过Nafion的渗透率是

$$P_m = 1.44 \times 10^{-16} mol \cdot cm \cdot s^{-1} \cdot cm^{-2} \cdot Pa^{-1} \times 24470 cm^3 \cdot mol^{-1} \times 1350 Pa \cdot cmHg^{-1}$$
$$= 47.6 \times 10^{-10} cm^3 \cdot cm \cdot s^{-1} \cdot cm^{-2} \cdot cmHg^{-1} = 47.6 Barrer$$

渗透率和渗透性显然与压力 P 和膜的面积 A 成正比，与膜的厚度 d 成反比。那么渗透率是

$$N_{gas} = P_m \frac{AP}{d} \tag{4-21}$$

例如，在25℃和300kPa条件下，氢气通过100cm²的Nafion N112的渗透率是

$$N_{gas} = 1.44 \times 10^{-16} \times \frac{100 \times 300 \times 10^3}{50.8 \times 10^{-4}} mol \cdot s^{-1} = 8.50 \times 10^{-7} mol \cdot s^{-1}$$

氢渗透率也可以用 $A \cdot cm^{-2}$ 表示

$$N_{H_2} = \frac{I}{2F} \Rightarrow i = \frac{2FN_{H_2}}{A} = \frac{2 \times 96485 \times 8.5 \times 10^{-7}}{100} A \cdot cm^{-2} = 0.0016 A \cdot cm^{-2}$$

4.2.6 高温膜

有时需要在 100℃以上的温度下运行燃料电池，以提高对燃料中可能存在的一氧化碳耐受性，同时也需要减小排热设备的尺寸。高于 100℃的燃料电池还可以消除水管理问题，因为此温度下所有的水都处于气相。然而，100℃的燃料电池需要 PFSA 膜在高于 100℃的高温下运行而不影响其耐久性。

一种增加聚合物在高温和相对湿度较低时保水性的方法是加入亲水性添加剂，并进入离子聚合物 [49]，如磷钨酸、磷酸锆、SiO_2 或 TiO_2 等 [50-52]。

另一种完全不同的方法是"无水"酸掺杂聚合物，使其在远超过 100℃的温度下工作。作为质子溶剂的水因此被酸代替，磷酸（H_3PO_4）掺杂的聚苯并咪唑（PBI）膜是目前较为先进的技术 [53]。此外，通过溶胶 - 凝胶工艺可制备获得 H_3PO_4 含量高达 85%（重量）的膜 [54]。PBI 杂环参与质子传输过程，因为它为质子结合提供了自由电子对，基于 H_3PO_4/PBI 的 PEM 燃料电池的工作温度一般在 160℃至 200℃之间。尽管该材料本质上是一种本征质子导体，但水的存在大大提高了导电性，因此，此类膜的使用面临的难点是在启动和关闭期间低于 100℃时液态水的过渡，如果发生水冷凝，就会导致酸浸出 [49]。

4.3 电极

燃料电池电极的核心是位于离聚物膜和多孔导电基材之间的催化层，它是发生电化学反应的功能层。更准确地说，电化学反应发生在催化剂表面。因为有三种物质参与电化学反应，即气体、电子和质子，所以反应可以发生在这三种物质都可以触及的催化剂表面上。电子流过包括催化剂本身的导电固体，但催化剂颗粒以某种方式与导电材料连接；质子穿过离聚物膜，因此催化剂必须与离聚物紧密接触；最后，反应气体只能通过空隙，电极必须是多孔的，以允许气体到达反应位点，同时，必须高效去除产物水，否则电极会阻止新鲜氧气 / 氢气到达反应位点。

催化反应发生在三相界面（TPB）处，如图 4-11 所示，TPB 包括 Nafion 离聚物、固相和空隙。在这个反应界面有一个无限小的区域（本质上它是一条线，而不是一个区域），会产生无限大的电流密度。在实践中，由于一些气体可能会渗透到离聚物中，因此反应区大于三相边界线的面积。一般情况下，可以通过"粗糙化"膜表面或在催化层中

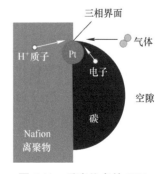

图 4-11 反应位点的 TPB

加入离聚物来扩大反应区；在极端情况下，整个催化剂表面可能被薄的离聚物层覆盖。显然，必须优化由离聚物覆盖的催化剂面积、开放为空隙的催化剂面积与导电载体的催化剂面积之间的比率。

PEM 燃料电池中用于 ORR 和 HOR 的最常见催化剂是贵金属铂，在燃料电池技术开发的早期，Pt 催化剂的用量较大，高达 $28mg \cdot cm^{-2}$；在 20 世纪 90 年代后期，通过使用负载型催化剂结构，将载量减少到 $0.3 \sim 0.4mg \cdot cm^{-2}$。研究发现，影响催化剂载量的重要因素是催化剂比表面积，因此解决办法是使用具有大比表面积载体、小直径的铂颗粒（4nm 或更小），使铂颗粒均匀分散在催化剂载体的表面。典型的载体材料是 Cabot 公司生产的 Vulcan XC72R 碳粉，其碳颗粒的直径约为 40nm、比表面积大于 $75m^2 \cdot g^{-1}$，但也使用其他碳材料，比如 BLACK PEARLS 2000、Ketjen Black 或 Chevron Shawinigan 等。

从尽量减少由于质子传输速率和反应气体在电催化层中的扩散而导致的电池电压损失的角度考虑，催化层应尽量薄；同时，应该最大化金属活性表面积，即 Pt 颗粒直径应尽可能小。针对第一个原因，Pt/C 应选择更高的 Pt 比例（> 40wt%）[⊖]，然而，较小的 Pt 颗粒和因此较大的金属表面积可以实现较低的催化剂负载（表 4-2）。Paganin 等人[55] 发现，当 Pt/C 比例在 10% ~ 40% 之间变化、Pt 负载量为 $0.4mg \cdot cm^{-2}$ 时，电池的性能几乎保持不变。然而，随着 Pt/C 比例超过 40%，性能反而会下降，这表明 Pt/C 比例在 10% ~ 40% 之间时，催化剂活性面积的变化可以忽略不计，并且 Pt/C 比例超过 40% 时催化剂活性面积显著减少（表 4-2）。

表 4-2　不同 Pt/C（Ketjen 炭黑上负载 Pt）比例的单位 Pt 活性面积 [56]

Pt/C 比例（wt%）	X 射线衍射测得 Pt 颗粒尺寸 /nm	活性面积 /（$m^2 \cdot gPt^{-1}$）
40	2.2	120
50	2.5	105
60	3.2	88
70	4.5	62
铂黑	5.5 ~ 6	20 ~ 25

一般来说，如果催化层具有较高利用率和合理厚度，较高的 Pt 负载会增加电池电压（图 4-12）。然而，当以 Pt 单位表面积计算电流密度时，性能几乎没有差异，此时所有极化曲线相互重叠（图 4-13），其中 Tafel 斜率约为 $70mV \cdot dec^{-1}$。

　⊖　wt% 为质量百分浓度。

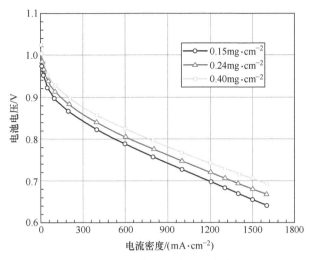

图 4-12　Pt 载量对氢氧燃料电池极化曲线的影响
（以催化层几何面积计算电流密度）[57]

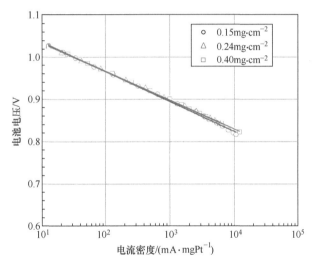

图 4-13　Pt 载量对氢氧燃料电池极化曲线的影响
（以 Pt 单位表面积计算电流密度）[57]

因此，提高 PEM 燃料电池性能的关键不是增加 Pt 负载，而是增加 Pt 在催化层中的利用率。

如果催化层包含离聚物，则催化剂表面活性面积可大大增加。Uribe 等人[58] 研究表明，催化层中离聚物的最佳含量约为 28%（按重量计）（图 4-14）。Qi 和 Kaufman[59] 以及 Sasikumar 等人[60] 也报道了类似的发现。

一般情况下，催化层与离聚物膜连接，形成膜和催化剂的组合件，称为膜电极组件（MEA）。MEA 的制备方法有两种，第一种方法是将催化层沉积到多孔基材上，即所谓的

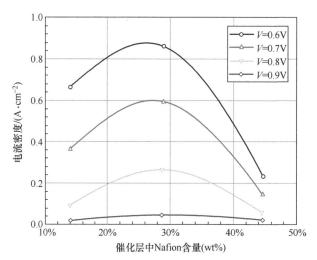

图 4-14　催化层中 Nafion 含量对燃料电池性能的影响 [58]

气体扩散层，通常是碳纸（碳纤维纸）或碳布，然后将其热压到膜上；第二种方法是将催化层直接施加到膜上，形成三层 MEA 或催化膜，之后添加气体扩散层，作为 MEA 制备中的附加步骤，最终形成含五个功能层的 MEA。

在多孔基材或膜上沉积催化层的方法已经发展了许多种，包括铺展、喷涂、溅射、涂漆、丝网印刷、贴花、电沉积、蒸发沉积和浸渍还原等。

近几年，国内外对新催化剂和催化层结构的研究取得了一些进展。以传统的 Pt/C 催化剂为基础，3M 公司 [61] 开发了一种纳米结构的 $Pt_{68}Co_{29}Mn_3$ 薄膜催化剂（NSTF），其结构与传统的碳载型催化剂完全不同，具有更高的氧还原活性，可消除碳载体的所有耐久性问题，表现出更低的电压损失，它超过了 2015 年美国能源部全尺寸短堆 0.2gPt/kW 的目标，阳极和阴极的催化剂载量分别为 $0.05mg \cdot cm^{-2}$ 和 $0.1mg \cdot cm^{-2}$。

新型合金催化剂 $Pt_{1-x}Ni_x$，被认为是有前途的催化剂，其在 ORR 活性中表现出异常尖锐的独特峰值，峰值比标准 Pt/Co/Mn 合金高 60%[62]。

改进催化层的结构，用于 ORR 电催化剂，也取得了较好的效果。例如，使 Pt 单层（ML）支撑在中空纳米颗粒、纳米线、纳米棒和碳纳米管上，形成实用的电催化剂 PtML/Pd_9Au/C 和 PtML/Pd/C，对于 100kW 的燃料电池来说，只需要大约 10g Pt 和 15 ~ 20g Pd 即可满足性能要求 [63]。

新型催化剂主要以非贵金属催化剂为主，其具有性能好、稳定性好、四电子选择性（过氧化氢产率 < 1.0%）的优点。例如，使用聚苯胺作为碳氮模板的前驱体，用于高温合成含有铁和钴的非贵金属催化剂 [64]。

4.4 气体扩散层

催化层和双极板之间的功能层称为气体扩散层、电极基板或扩散器/集电器。虽然气体扩散层不直接参与电化学反应，但 PEM 燃料电池中的气体扩散层具有以下几个重要功能：

1）为反应气体从双极板流场到催化层提供了一条通道，使气体进入整个反应活性区域（不仅仅是通道附近的区域）。

2）为产物水从催化层排出到双极板流场提供了通道。

3）将催化层与双极板连接，形成电子回路。

4）将催化层中电化学反应产生的热量传导到双极板，而双极板具有散热装置，达到维持电池温度平衡的作用。

5）为 MEA 提供机械支撑，防止催化层流失到双极板流场中。

因此，满足气体扩散层所需功能应具有的特性包括：

1）具有良好的多孔性，以允许反应气体和产物水的流动通过，包括在面内和穿透扩散。

2）具有良好的导电性和导热性。一般，界面电阻或接触电阻通常比体电导率更重要。

3）因为催化层是由离散的小颗粒构成，所以气体扩散层面与催化层的孔隙不能太大。

4）必须足够坚硬以支撑"脆弱"的 MEA，同时，必须具有一定的灵活性才能保持良好的电接触。

碳纤维材料（例如碳纸、编织碳织物或碳布）能满足上述要求，图 4-15 显示了两种常用的典型气体扩散层，即碳布和碳纸。

图 4-15　碳布（左）和碳纸（右）的扫描电子显微镜照片 [65]

表 4-3 显示了不同制造商报告的由碳纸和碳布制成气体扩散层的性能。从表 4-3 可以看出，各种气体扩散层的厚度在 0.017 ~ 0.045cm 之间，密度在 0.21 ~ 0.73g·cm^{-3} 之间变化，而孔隙率在 70% ~ 90% 之间变化。

表 4-3 典型燃料电池气体扩散层的特性

制造商	材料	厚度 /cm	密度 /(g · cm⁻³)	单位面积重量 /(g · m⁻²)	孔隙率 （%）	穿透电阻率 /(Ω · cm)	面内电阻率 /(Ω · cm)
Toray	TGP-H-060	0.019	0.44	84	78	0.080	0.0058
	TGP-H-090	0.028	0.44	123	78	0.080	0.0056
	TGP-H-120	0.037	0.45	167	78	0.080	0.0047
Spectracorp	2050 A	0.026	0.48	125		2.692	0.012
	2050 L	0.02	0.46	92		7.500	0.022
	2050 HF	0.026	0.46	120		3.462	0.014
Ballard	AvCarb P50	0.0172	0.28	48		0.564	
	AvCarb P50T	0.0172	0.28	48		0.564	
SGL Carbon	10 BA	0.038	0.22	84	88	0.263	
	10 BB	0.042	0.30	125	84	0.357	
	20 BA	0.022	0.30	65	83	0.455	
	20 BC	0.026	0.42	110	76	0.538	
	21 BA	0.02	0.21	42	88	0.550	
	21 BC	0.026	0.37	95	79	0.577	
	30 BA	0.031	0.31	95	81	0.323	
	30 BC	0.033	0.42	140	77	0.394	
	31 BA	0.03	0.22	65		0.317	
	31 BC	0.034	0.35	120	82	0.441	
ETEK	LT 1100 N	0.018	0.50	90		0.360	
	LT 1200 W	0.0275	0.73	200		0.410	
	LT 1400 W	0.04	0.53	210		0.500	
	LT 2500 W	0.043	0.56	240		0.550	
Ballard （ Carbon cloth ）	AvCarb 1071 HCB	0.038	0.31	118		0.132	0.009

4.4.1 处理和涂层

为避免 PEM 燃料电池产物水造成气体扩散层内"水淹"，通常将阴极和阳极气体扩散层制成疏水特性，一般经过 PTFE 处理，其中 PTFE 载量在 5% ~ 30% 之间，最典型的处理方法是将气体扩散层浸入 PTFE 溶液中，然后进行干燥和烧结处理。

气体扩散层的疏水性需要进行实验测量并与电池性能相关联，一般采用静滴法或 Wil-helmy 法测量表面水滴的接触角，以衡量其疏水性。图 4-16 显示了经过 PTFE 处理和未经

PTFE 处理的阴极气体扩散层的燃料电池性能，发现未经 PTFE 处理的电池容易受到"水淹"的影响，尤其是在较高的电流密度下比较严重。

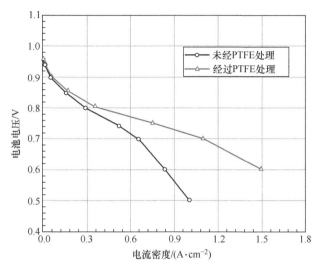

图 4-16　经过 PTFE 处理和未经 PTFE 处理碳纸的燃料电池性能 [66]

此外，部分研究中，在气体扩散层与相邻催化层之间，添加涂层或微孔层（MPL），可确保更好的电接触和更有效的水进出扩散层，该 MPL 由 PTFE 黏合剂与碳粉或石墨颗粒混合组成，产生的孔隙直径在 0.1 ~ 0.5μm 之间，孔径比碳纸（20 ~ 50μm）小。这种小孔径的 MPL 有助于改善气体扩散层与相邻催化层的电接触，然而，其主要作用是促进液态水从阴极催化层有效扩散到扩散层中，有助于产生更小的水滴，而小水滴堵塞和淹没气体扩散层的可能性会更小。

4.4.2　孔隙率

根据功能要求，气体扩散层是多孔的，孔隙率 ε 通常在 70% ~ 90% 之间，如表 4-3 所示。气体扩散层的孔隙率可以通过其单位面积重量、厚度和固相密度计算得到，孔隙率 ε 取决于压缩厚度

$$\varepsilon = 1 - \frac{W_A}{d \rho_{real}} \qquad (4\text{-}22)$$

式中，W_A 是单位面积重量（$g \cdot cm^{-2}$）；ρ_{real} 是固相密度（$g \cdot cm^{-3}$），对于碳基材料，$\rho_{real} = 1.6 ~ 1.95 g \cdot cm^{-3}$；$d$ 是厚度（cm，包括压缩和未压缩）。另外，孔隙率可以通过压汞法或毛细管流动孔隙度法测量得到 [66]。

4.4.3　电导率

气体扩散层的功能之一是将催化层与双极板"电"连接。由于双极板"肋/通道"结构，双极板只有一部分面积与气体扩散层进行接触，接触的部分称为"肋"，未接触的部分称为"流道/通道"，流道处于打开状态，作为反应气体进入的通道，所以气体扩散层是桥接催化层与双极板的通道并重新分配电流，因此，气体扩散材料的平面电阻率和穿透电阻率都很重要。穿透电阻率 ρ_z 通常包括体电阻和接触电阻，大小取决于测量方法。从表 4-3 中的数据可以明显看出，部分制造商（例如 Toray 公司）报告了真实的穿透电阻率，使用汞触点测量以消除接触电阻，而其他制造商则采用接触电阻方法测量。Mathias 等人[66]测量 Toray TGP-H-060 气体扩散层的穿透电阻率为 $0.08\,\Omega\cdot cm$，还测得总穿透电阻率为 $0.009\,\Omega\cdot cm^2$，如果除以厚度（0.019cm），将得到穿透电阻率为 $0.473\,\Omega\cdot cm$（这与表 4-3 中其他制造商报告的数据接近）。而气体扩散层的平面电阻率 ρ_{xy} 通常采用四点探针法测量，比穿透电阻率数值低一个数量级左右。

4.4.4　可压缩性

在燃料电池中，因为碳纸和碳布构成的气体扩散层都是比较柔软、易变形的材料，常被压缩以减小接触电阻损失。如图 4-17 所示，当进行循环压缩测试时，两种材料都表现出可压缩性，而碳布比碳纸更易压缩，也反应出第一个压缩应力-应变曲线与后续循环产生的曲线不同，说明产生了不可恢复的非弹性应变。

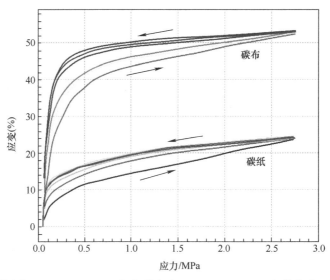

图 4-17　碳纸（Toray TGP-H-060）和碳布（AvCarb 1071HCB）的应力-应变曲线[66]

4.4.5 渗透性

PEM 燃料电池扩散介质中的有效扩散系数受材料孔隙率和曲折度的影响，在大多数情况下，它们反映了主体与克努森（Knudsen）扩散相反的特性，因为孔径大小比气体分子的平均自由程高几个数量级。然而，Knudsen 扩散可能在 MPL 中普遍存在，其中孔径可以接近气体分子的平均自由程。扩散介质的对流流动阻力用 Gurley 数或达西（Darcy）系数表述，其中，Gurley 数是在给定压降下通过样品的指定体积流量所需的时间，而 Darcy 系数与压降有关，根据达西定律（Darcy's law），体积流量与压降成正比

$$Q = K_D \frac{A}{\mu l} \Delta P \qquad (4\text{-}23)$$

式中，Q 为体积流量（$m^3 \cdot s^{-1}$）；K_D 为 Darcy 系数（m^2）；A 为垂直流动截面积（m^2）；μ 为气体黏度（$kg \cdot m^{-1} \cdot s^{-1}$）；$l$ 为扩散路径长度（扩散介质的厚度）（m）；ΔP 为压降（Pa）。

对未压缩的 Toray TGP-H-060 碳纸，Darcy 系数为 $5 \times 10^{-12} \sim 10 \times 10^{-12} m^2$，这与文献报道的压缩至原始厚度 75% 时的相同材料在平面内流动的 Darcy 系数值大致相同[66]。

4.5 双极板

在单电池中没有双极板，如图 4-1 所示，此时 MEA 组件两侧的两个板是半个双极板，被认为是极板。而将一个电池的阳极电连接到相邻电池的阴极且功能齐全的板称为双极板，常应用于电池组（图 4-18）中。双极板在燃料电池堆中具有多种功能，也要求具有特殊的物理性质，即：

1）电连接串联电池，因此，双极板必须是导体。

2）将相邻单元中的气体隔开，因此，双极板必须不透气。

3）为电池组的堆叠提供机械结构支撑，因此，双极板必须具有足够的强度，但又必须密度较低。

4）将热量从电池内部传导到冷却部件或导管，因此，双极板必须能导热。

5）通常作为气体、液体流场的通道，因此，双极板必须有流动介质的流动"沟槽"。

此外，燃料电池环境中的双极板必须具有耐腐蚀性，且材料来源必须便宜，为了降低成本，制造工艺也必须适合大规模生产。双极板的某些要求可能相互矛盾，因此，材料的选择是一个优化的过程，选择的双极板材料可能不是最好的，但或许是最能满足优化标准（通常是每千瓦时发电成本最低）的材料，表 4-4 总结了双极板的各项物理性能要求。

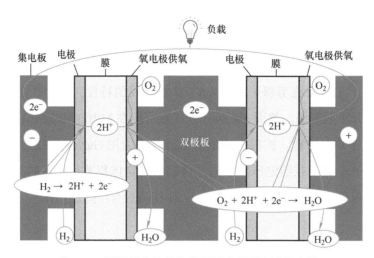

图 4-18 双极板电连接和分隔两个相邻电池示意图

表 4-4 双极板的各项物理性能要求 [67]

物理参数	要求	注释
电导率	$> 100S \cdot cm^{-1}$	体电导率
腐蚀率	$< 16\mu A \cdot cm^{-2}$	
氢渗透性	$< 2 \times 10^{-6} cm^3 \cdot cm^{-2} \cdot s^{-1}$	@80℃，3atm
抗压强度	$> 2MPa$	较强的电堆设计功能，一些设计要求可能更高
导热系数	$> 20W \cdot m^{-1} \cdot K^{-1}$	
公差	$< 0.05mm$	
成本	< 10 美元 $\cdot kW^{-1}$	包括材料和制造
重量	$< 1kg \cdot kW^{-1}$	

4.5.1 材料

PEM 燃料电池双极板的首选材料之一是石墨，其最大优点是在燃料电池环境中具有非常好的化学稳定性。但是石墨本质上属于多孔材料，这在燃料电池应用中可能是一个不利的因素，因此，必须对石墨双极板进行浸渍处理，以确保其不渗透气体。目前，石墨双极板仍应用于实验室中的燃料电池（主要用于单电池），然而，石墨板比较难加工，对大多数燃料电池应用来说可能过于昂贵。

通常，燃料电池双极板可使用的材料包括石墨基（包括石墨/复合材料）和金属基材料，目前已发展出金属板、石墨复合板、复合石墨/金属板三类双极板，其主要特点如下：

（1）金属板 金属双极板暴露在燃料电池内部腐蚀性极强的环境中，一般 pH = 2 ~ 3，温度为 60 ~ 80℃。典型的如铝、钢、钛或镍等金属双极板会在燃料电池环境中腐蚀，溶解的金属离子会扩散到离聚物膜中，导致离子电导率降低并缩短燃料电池寿命。此外，金属双极板表面的腐蚀层会增加电阻。为解决这些问题，金属双极板必须充分涂覆一层抵抗腐蚀性但又导电的涂层，例如石墨、类金刚石碳、电聚合物、有机自组装聚合物、贵金属、金属氮化物、金属碳化物、铟掺杂氧化锡等。涂层保护的金属双极板免受腐蚀性影响的有效性取决于：a.涂层的耐腐蚀性；b.涂层中的微孔和微裂纹；c.金属基材和涂层的热膨胀系数差异性。

金属双极板适用于大规模制造（冲压、压花），可以加工到非常薄（＜1mm），因此可以实现电堆紧凑和轻便的堆叠。所以，对保护涂层的需求以及与燃料电池操作相关的问题是 PEM 燃料电池中金属双极板的主要缺点。

（2）石墨复合板　碳复合材料双极板是使用热塑性塑料（如聚丙烯、聚乙烯或聚偏二氟乙烯等）或热固性树脂（如酚醛树脂、环氧树脂和乙烯基酯等）和填料（如碳/石墨粉、炭黑或焦炭石墨等）制成，部分双极板还具有纤维增强材料，这些材料除了一些热固性材料可能会浸入并因此变质外，通常在燃料电池环境中具有较好的化学稳定性。根据这些材料的流变特性，它们适用于压缩成型、传递成型或注塑成型。很多时候，需要仔细优化石墨复合板材料的成分和特性，包括在可制造性（即成本）和功能特性（即电导率）之间进行权衡[68]。

在设计和制造石墨/复合双极板过程中必须考虑的重要因素是公差、翘曲和结皮效应（由于模制过程中聚合物在板表面的积累），高速成型工艺可以满足成本目标，且材料（石墨和聚合物）价格低廉。石墨/复合双极板中，尤其是含氟聚合物板，在燃料电池环境中具有非常好的化学稳定性，然而，它们体积较大（最小厚度约为2mm）且相对较脆，是比较明显的缺点。在电阻特性方面，石墨/复合双极板的电导率比金属板的电导率低几个数量级，但体电阻损耗在几毫伏的数量级上。

（3）复合石墨/金属板　Ballard 公司[69]研制出由两个压花石墨箔组成的夹层，中间夹有薄金属片，被称为一种新型的复合石墨/金属双极板。这种双极板结合了石墨（耐腐蚀性）和金属板（不渗透性和结构刚性）的优点，重量轻、耐用且易于制造，此外，石墨箔由于其适形性而具有非常低的接触电阻。

4.5.2　特性

各种金属和石墨/复合双极板材料的重要性能分别总结在表 4-5 和表 4-6 中。燃料电池双极板最重要的特性之一是导电性，需要区分体电导率和总电导率或电阻率，后者包括体电导率和接触组件之间的接触电导率。在实际的燃料电池堆中，接触（界面）电阻比体电阻更重要。

表 4-5 金属双极板材料的重要性能 [70]

物理参数	单位	材料			
		不锈钢（SS）	Al	Ti	Ni
密度	$g \cdot cm^{-3}$	7.95	2.7	4.55	8.94
电导率	$S \cdot cm^{-1}$	14000	377000	23000	146000
导热系数	$W \cdot m^{-1} \cdot K^{-1}$	15	223	17	60.7
热膨胀系数	$\mu m \cdot m^{-1} \cdot K^{-1}$	18.5	24	8.5	13

表 4-6 石墨/复合双极板材料的重要性能

物理参数	单位	材料和厂家			
		石墨（POCO）	BBP 4（SGL）	PPG 86（SGL）	BMC 940（BMC）
密度	$g \cdot cm^{-3}$	1.78	1.97	1.85	1.82
电导率	$S \cdot cm^{-1}$	680	200	56	100
导热系数	$W \cdot m^{-1} \cdot K^{-1}$	95	20.5	14	19.2
热膨胀系数	$\mu m \cdot m^{-1} \cdot K^{-1}$	7.9	3.2	27	30
抗拉强度	MPa	60			30
抗弯强度	MPa	90	50	35	40
抗压强度	MPa	145	76	50	

　　板状双极板的体电阻率可以用四点探针法测量 [71]，实验装置如图 4-19 所示，该方法可将几何相关的校正因子应用于电压降和施加电流的测量值来测量薄板的体电阻率

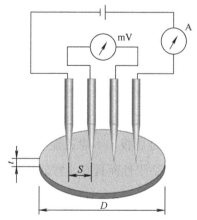

$$\rho = k \frac{V}{I} t \qquad (4\text{-}24)$$

式中，ρ 是电阻率（$\Omega \cdot cm$）；k 是校正因子，是关于 D/S 和 t/S 的函数，其中 D 是样品直径、S 是探针间距、t 是样品厚度，校正因子值列于表 4-7；V 是测量的电压（V）；I 是施加电流（A）；t 是样品厚度（cm）。

图 4-19 四点探针法测量双极板体电阻率的实验装置 [68]

　　然而，体电阻率并不是燃料电池中电压损失的重要来源，即使电阻率相对较高的双极板也是如此，例如，模压而成 3mm 厚石墨/复合双极板的体电阻率高达 $8m\Omega \cdot cm$，$1A \cdot cm^{-2}$ 时的电压损失为 2.4mV，其较高的电压损失来自功能层界面接触电阻，例如双极板和气体扩散层之间的接触电阻导致的电压损失就较大。

表 4-7　四点探针法测量薄圆形样品的体电阻率校正因子[71]

D/S	t/S									
	< 0.4	0.4	0.5	0.6	0.7	0.8	1	1.25	1.666	2
3	2.2662	2.2651	2.2603	2.2476	2.224	2.1882	2.0881	1.924	1.6373	1.4359
4	2.9289	2.9274	2.9213	2.9049	2.8744	2.8281	2.6987	2.4866	2.1161	1.8558
5	3.3625	3.3608	3.3538	3.3349	3.3	3.2468	3.0982	2.8548	2.4294	2.1305
7.5	3.9273	3.9253	3.9171	3.8951	3.8543	3.7922	3.6186	3.3343	2.8375	2.4883
10	4.1716	4.1695	4.1608	4.1374	4.094	4.0281	3.8437	3.5417	3.014	2.6431
15	4.3646	4.3624	4.3533	4.3288	4.2834	4.2145	4.0215	3.7055	3.1534	2.7654
20	4.4364	4.4342	4.4249	4.4	4.3539	4.2838	4.0877	3.7665	3.2053	2.8109
40	4.5076	4.5053	4.4959	4.4706	4.4238	4.3525	4.1533	3.827	3.2567	2.856
∞	4.5324	4.5301	4.5206	4.4952	4.4481	4.3765	4.1762	3.848	3.2747	2.8717

　　界面接触电阻的测量方法如图 4-20 所示，将双极板样品夹在两个气体扩散层之间，然后将电流通过夹层并测量电压降来确定界面接触电阻[18]。实验中的总电压降（或电阻 $R = V/I$）是组装压力的函数，包含几个串联电阻，即金板与气体扩散层之间的接触电阻 R_{Au-GDL}、气体扩散层的体电阻 R_{GDL}、气体扩散层与双极板之间的接触电阻 $R_{GDL-BPP}$、双极板的体电阻 R_{BPP}，如图 4-21 所示，总电阻为

$$R_{mes} = 2R_{Au-GDL} + 2R_{GDL} + 2R_{GDL-BPP} + R_{BPP} \tag{4-25}$$

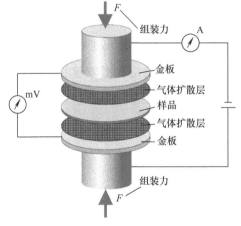

图 4-20　石墨和模压石墨复合材料样品的总电阻（接触电阻和体电阻）的实验测量装置示意图[18, 68]

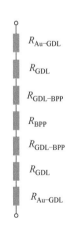

图 4-21　图 4-20 中涉及的测量电阻[72]

　　气体扩散层的体电阻 R_{GDL} 和双极板的体电阻 R_{BPP} 可独立测量或从生产厂家的产品参数中获得，金板和气体扩散层之间接触电阻 R_{Au-GDL} 可通过另外测量确定，即测量两个金板夹住气体扩散层的总电阻

$$R'_{\text{mes}} = 2R_{\text{Au-GDL}} + R_{\text{GDL}} \qquad (4\text{-}26)$$

则接触电阻为

$$R_{\text{GDL-BPP}} = (R_{\text{mes}} - R'_{\text{mes}} - R_{\text{BPP}} - R_{\text{GDL}})/2 \qquad (4\text{-}27)$$

双极板和气体扩散层的体电阻与组装力无关，但接触电阻是与组装力有关的函数，图 4-22 展示了几种气体扩散层的接触电阻[73]。在组装力为 2MPa 时，碳纸的接触电阻约为 $3\text{m}\Omega \cdot \text{cm}^2$，而碳布的接触电阻较低，低于 $3\text{m}\Omega \cdot \text{cm}^2$。

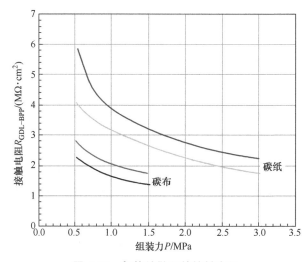

图 4-22　气体扩散层的接触电阻

界面接触电阻不仅取决于组装（夹紧）力，还取决于两个接触表面的表面特性和有效电导率[66]。使用表面形貌的分形几何描述，Majumdar 和 Tien[74] 得出了接触电阻和组装力之间的关系，Mishra 等人[73] 修改了 Majumdar-Tien 关系式以适应相对较软的材料（例如气体扩散层）与硬材料（例如双极板）的情况

$$R = \frac{A_{\text{a}}KG^{D-1}}{\kappa L^D}\left[\frac{D}{(2-D)p^*}\right]^{\frac{D}{2}} \qquad (4\text{-}28)$$

式中，R 是接触电阻（$\Omega \cdot \text{m}^2$）；A_{a} 是界面处的表观接触面积（m^2）；K 是几何常数；G 是曲面轮廓（m）；D 是表面轮廓的分形维数；κ 是两个表面的有效电导率（$\text{S} \cdot \text{m}^{-1}$）；$L$ 是扫描长度（m）；p^* 是无量纲组装力（指实际组装压力与气体扩散层压缩模量之比）。

第 5 章

燃料电池运行条件

燃料电池运行条件包括:

1)压力。

2)温度。

3)反应气体的流速。

4)反应气体的湿度。

典型 PEM 燃料电池的运行条件列于表 5-1,需要注意的是,表中列出的值只是代表典型值,不代表边界条件。

表 5-1　典型 PEM 燃料电池的运行条件

物理参数	典型值
压力	H_2/O_2:高达 1200kPa
温度	50 ~ 80℃
气体流速	H_2:化学计量比的 1 ~ 1.2 倍
	O_2:化学计量比的 1.2 ~ 1.5 倍
	空气:化学计量比的 2 ~ 2.5 倍
反应物的湿度	H_2:0 ~ 125%
	O_2/ 空气:0 ~ 100%

5.1　工作压力

燃料电池可以在环境压力(又称常压)下运行,也可以加压运行。当工作压力增加时,燃料电池会产生更多的电力,如图 5-1 所示,电力增量与压力比的对数成正比。然而,加压反应气体需要额外功率,这可能会抵消电力增量,是否会有净功率增量取决于燃料电池极化曲线、压缩装置的效率、系统配置等因素，因此必须针对每个燃料电池系统进行评估。此外，加压与水管理有关，而水管理又与工作温度有关，因此，必须从系统的角度来解决加压问题。

在氢氧燃料电池中，当两种反应物都预先储存在加压罐中时，直接使用不会产生功率损失，这种燃料电池通常在高压下运行，压力在3bar到10～12bar之间。需要注意的是，由于电增量与压力比的对数成正比，压力从10bar增加到100bar的电压/功率增量与压力从1bar增加到10bar时相同。但是，对于氢/空气燃料电池，空气加压需要额外机械装置，即鼓风机或压缩机，这增加了系统的复杂性并且需要加压电力，此类系统一般选择是在燃料电池排气处设置环境条件下运行或在背压下运行（通常高达3bar）。

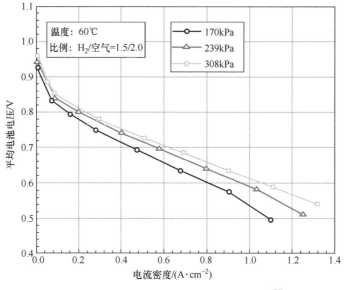

图5-1　不同工作压力下的燃料电池性能 [75]

当燃料电池从高压罐中供给反应气体时，其压力由位于出口的背压调节器控制，并保持所需的预设压力，如图5-2a所示。一般在实验室环境中不会记录入口压力，由于反应物通过燃料电池内部的微小通道，从入口到出口的压力不可避免地下降，因此入口压力总是较高。然而，当反应气体（例如空气）通过机械装置（鼓风机或压缩机）送入燃料电池时，入口压力较为重要，如图5-2b所示，压缩机或鼓风机必须保证在该压力下提供所需的流量，此时背压调节器仍可用于对电池气体加压，如果不使用背压调节器，则气体会在大气压下离开电池。

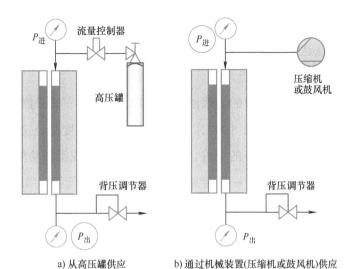

a) 从高压罐供应　　b) 通过机械装置(压缩机或鼓风机)供应

图 5-2　燃料电池工作压力与反应气体供应的关系

5.2　工作温度

一般来说，较高的工作温度可获得较高的电池电压，然而，对于每个特定燃料电池设计，都有一个最佳温度。图 5-3 显示了存在最佳工作温度的例子，结果表明，这个特定燃料电池的最佳工作温度在 75℃ 和 80℃ 之间，而高于 80℃ 时会导致性能下降。

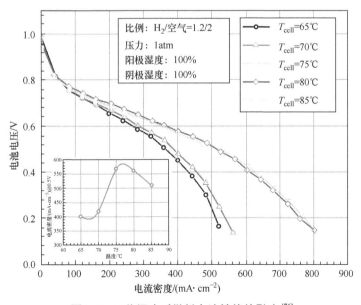

图 5-3　工作温度对燃料电池性能的影响 [76]

PEM 燃料电池不需要加热到最佳温度才开始运行，实际上即使在冰冻条件下燃料电池也可以运行，但无法达到其额定功率，因此汽车公司投入了大量精力来研究燃料电池在 -30℃温度下的运行能力和冷启动能力。

燃料电池工作温度的上限由膜的上限温度来确定，由于质子交换膜的主要功能取决于其水合状态，典型的 PSA 膜不能在 100℃以上运行，因为该温度已经接近聚合物的玻璃化转变温度，且电池存在脱水和损坏的危险。因此，具有 PSA 或类似功能的 PEM 燃料电池膜很少在高于 90℃的温度下运行，一般常见的是在 80℃温度下运行。如果采用不同类型的膜，例如磷酸（H_3PO_4）掺杂的聚苯并咪唑（PBI）膜，其水作为质子溶剂被酸取代，能够在 140℃或更高温度下运行。

实际上，燃料电池的工作温度与工作压力类似，必须从系统角度进行优化选择，不仅要考虑电池性能，还要考虑系统要求，特别是热管理子系统的尺寸和功率要求。热量是燃料电池中电化学反应的副产品，为了保持温度稳定，必须从燃料电池中带走热量，其中，部分热量从燃料电池的外表面离开，而其他热量必须通过冷却系统带走，带走热量的介质可能是空气、水或特殊的冷却剂。在小型燃料电池启动时，有时需要加热器才能达到预定工作温度，因此在这些燃料电池中，需要额外的加热器，这种燃料电池的内部设计必须考虑热传递的性能。

以下是燃料电池热平衡

$$Q_{gen} + Q_{react,in} = Q_{react,out} + Q_{dis} + Q_{cool} \tag{5-1}$$

换言之，燃料电池产生的热量（Q_{gen}）与反应气体带入电池的热量（$Q_{react,in}$）被反应气体带离电池（$Q_{react,out}$），离开电池的方式还可以通过从电池表面向周围散热（Q_{dis}）以及冷却剂冷却（Q_{cool}）。

燃料电池内部的温度一般不太可能均匀分布，温度可能因入口到出口、由内而外或从阴极到阳极而不同。那么哪个温度是电池温度呢？电池温度可以近似于以下温度，而这些温度比电池温度更容易测量：

1）表面温度。

2）离开电池的空气温度。

3）冷却剂离开电池的温度。

由于在燃料电池内部传热需要温差，以上都不是电池的工作温度。在燃料电池自身加热的情况下，表面温度明显低于燃料电池内部的温度，而如果燃料电池在加热垫上加热，表面温度实际上会高于内部温度。因为燃料电池中的大部分损失可能与阴极反应有关，所以离开燃料电池的空气温度可近似地认为是电池工作温度，尽管燃料电池内部的温度必须至少略高于空气温度；在电池温度通过电池冷却剂流动来维持的情况下，冷却剂出口温度可以认为是电池工作温度。这些电池工作温度近似值的准确性一般取决于电池材料的热导率以及空气和冷却剂的流速。

5.3 反应物流速

燃料电池入口处的反应物流速必须等于或高于这些反应物在电池中的消耗速度，消耗氢气和氧气并生成水的速率（$mol \cdot s^{-1}$）由法拉第定律确定

$$\dot{N}_{H_2} = \frac{I}{2F} \tag{5-2}$$

$$\dot{N}_{O_2} = \frac{I}{4F} \tag{5-3}$$

$$\dot{N}_{H_2O} = \frac{I}{2F} \tag{5-4}$$

式中，$\dot{N}$ 为物质消耗/生成速率（$mol \cdot s^{-1}$）；I 为电流（A）；F 为法拉第常数（$C \cdot mol^{-1}$）。

反应物消耗的质量流量（$g \cdot s^{-1}$）为

$$\dot{m}_{H_2} = \frac{I}{2F} M_{H_2} \tag{5-5}$$

$$\dot{m}_{O_2} = \frac{I}{4F} M_{O_2} \tag{5-6}$$

生成水的质量流量（$g \cdot s^{-1}$）为

$$\dot{m}_{H_2O} = \frac{I}{2F} M_{H_2O} \tag{5-7}$$

式中，M 为摩尔质量（$g \cdot mol^{-1}$）。

多数情况下，气体流量以气体量单位表示，即标准升/分（$NL \cdot min^{-1}$）、标准升/秒（$NL \cdot s^{-1}$）、标准立方米/分（$Nm^3 \cdot min^{-1}$）或标准立方米/时（$Nm^3 \cdot h^{-1}$）。其中，标准升或标准立方米是指在正常条件下（大气压101.3kPa和0℃）分别占据1L或1m³体积的气体量。此外，101.3kPa（即1atm或14.696psi）、1bar（即0.987atm或14.5psi）或30inHg（即1.02bar或14.73psi）也用于标准压力。一般在大气科学中，标准大气定义为温度15℃（59℉）、压力101.3kPa的海平面，而大多数化学手册和教科书都以25℃作为标准温度

或参考温度。因此，为避免混淆标准温度和压力，最好使用标准升（NL）或标准立方米
（Nm³）等单位。

对于任何理想气体，摩尔数和体积与状态方程直接相关

$$PV = NRT \tag{5-8}$$

摩尔体积为

$$V_\mathrm{m} = \frac{V}{N} = \frac{RT}{P} \tag{5-9}$$

在正常条件下，即大气压为 101.3 kPa 和温度为 0℃条件下，摩尔体积为

$$\begin{aligned} V_\mathrm{m} &= \frac{RT}{P} = \frac{8.314 \times 273.15}{101300} \ \mathrm{m^3 \cdot mol^{-1}} = 0.022418 \ \mathrm{m^3 \cdot mol^{-1}} = 22.42 \ \mathrm{L \cdot mol^{-1}} \\ &= 22420 \ \mathrm{cm^3 \cdot mol^{-1}} \end{aligned} \tag{5-10}$$

反应物消耗的体积流速（NL·min⁻¹）为

$$\dot{V}_{\mathrm{H_2}} = 22.42 \times 60 \frac{I}{2F} \tag{5-11}$$

$$\dot{V}_{\mathrm{O_2}} = 22.42 \times 60 \frac{I}{4F} \tag{5-12}$$

燃料电池中反应物（氢气和氧气）的消耗以及水的生成量总结在表 5-2 中。

表 5-2　反应物消耗量和水生成量（每安和每节电池）

单位	耗氢量	耗氧量	水生成量（液态）
mol·s⁻¹	5.18×10^{-6}	2.59×10^{-6}	5.18×10^{-6}
g·s⁻¹	10.4×10^{-6}	82.9×10^{-6}	93.3×10^{-6}
NL·min⁻¹	6.970×10^{-3}	3.485×10^{-3}	
Nm³·h⁻¹	0.418×10^{-3}	0.209×10^{-3}	

反应物的供应量在某些情况下必须超过其消耗量，例如，在燃料电池产生水的阴极
侧，即氧气 / 空气侧，必须以过量流量供应给电池。反应物在电池入口处的实际流速与该
反应物的消耗率之间的比率称为化学计量比 S

$$S = \frac{\dot{N}_{\mathrm{act}}}{\dot{N}_{\mathrm{cons}}} = \frac{\dot{m}_{\mathrm{act}}}{\dot{m}_{\mathrm{cons}}} = \frac{\dot{V}_{\mathrm{act}}}{\dot{V}_{\mathrm{cons}}} \tag{5-13}$$

在图 5-4a 所示的"死端模式"中，可以以氢气消耗速率进行精确供应。如果氢气存储
在高压下，例如在高压罐中，则"死端模式"不需要任何控制，也就是说，氢气在消耗的
同时能够补给新鲜氢气给电池。在"死端模式"下，$S = 1$，如果考虑由于交叉渗透或内部

电流造成的氢气损失，则燃料电池入口处的氢气流量略高于对应于正在产生的电流的氢气消耗率

$$S_{H_2} = \frac{\dot{N}_{H_2,cons} + \dot{N}_{H_2,loss}}{\dot{N}_{H_2,cons}} > 1 \tag{5-14}$$

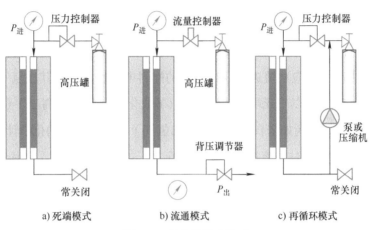

a) 死端模式　　　　　b) 流通模式　　　　　c) 再循环模式

图 5-4　反应物供应模式

燃料利用率，即电化学反应中消耗的燃料与提供给燃料电池的燃料之间的比率，是先前定义的化学计量比的倒数

$$\eta_{fu} = \frac{1}{S_{H_2}} \tag{5-15}$$

因此，对于"死端模式"，燃料利用率为

$$\eta_{fu} = \frac{\dot{N}_{H_2,cons}}{\dot{N}_{H_2,cons} + \dot{N}_{H_2,loss}} \tag{5-16}$$

在"死端模式"下，必须定期清除氢气，因为惰性气体或水的积聚可能出现在入口氢气中或可渗透至聚合物膜，清洗的频率和持续时间取决于氢气的纯度、膜的氮气渗透率和通过膜的净水传输。同时，在计算燃料电池效率时，燃料利用率必须考虑因吹扫造成的氢气损失

$$\eta_{fu} = \frac{\dot{N}_{H_2,cons}}{\dot{N}_{H_2,cons} + \dot{N}_{H_2,loss} + \dot{N}_{H_2,prg}\tau_{prg}f_{prg}} \tag{5-17}$$

式中，$\dot{N}_{H_2,cons}$ 为氢气消耗速率（$mol \cdot s^{-1}$）；$\dot{N}_{H_2,loss}$ 为氢气损失速率（$mol \cdot s^{-1}$）；$\dot{N}_{H_2,prg}$ 为氢气吹扫速率（$mol \cdot s^{-1}$）；τ_{prg} 为氢气吹扫持续时间（s）；f_{prg} 为清洗频率（s^{-1}）。

图 5-4b 所示的 "流通模式"，可以过量供应氢气（$S > 1$）而不需要吹扫，燃料利用率由式（5-14）给出，空气以流通模式供应，化学计量比 $S \geq 2$。

如果供应的是纯反应物（氢气/氧气），可以使用"再循环模式"，如图 5-4c 所示，未使用的气体通过泵或压缩机返回到电池入口。在这种模式下，化学计量比可能远大于 1，但因为未反应的反应物（氢气或氧气）没有被浪费，而是返回到电池入口，系统中燃料或氧化剂的利用率很高（接近 1），然而，仍然需要定期吹扫以去除可能积聚在阳极和阴极中的惰性气体。在"再循环模式"下，式（5-17）可用于计算燃料或氧气的利用率。

一般来说，更高的反应物流速可获得更好的燃料电池性能，尤其当氢气或氧气不纯时会如此。虽然纯氢时可能以"死端模式"（$S = 1$）或化学计量比略高于 1（$S = 1.05 \sim 1.2$）运行，混合状态的氢气（例如来自燃料处理器的氢气）必须以更高的化学计量比（$S = 1.1 \sim 1.5$）供应。实际电池运行时，流量是一个设计变量，如果流量太大，效率会降低（因为会浪费氢气），如果流量太低，燃料电池性能可能会受到影响。

同样，对于纯氧的流量，所需的化学计量比在 $1.2 \sim 1.5$ 之间，但当使用空气时，化学计量比为 2 或更高。尽管较高的空气流量会得到更好的燃料电池性能输出，如图 5-5 所示，但空气流量也是一个设计变量。空气通过鼓风机或压缩机（取决于工作压力）提供给电池，其功耗与流量成正比。因此，在较高的空气流速下，燃料电池的性能可能会更好，但鼓风机或压缩机的功耗可能会显著影响系统效率。

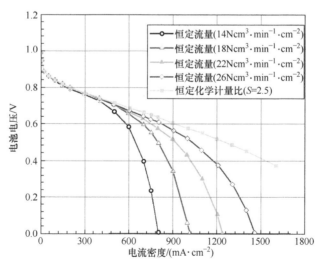

图 5-5　不同空气流量下的燃料电池性能

燃料电池性能随空气流量增大而提高的原因至少有两个：

1）更高的流速有助于产物水从电池中去除。

2）较高的流速可保持较高的氧气浓度。

因为氧气在电池中被消耗，它在电池出口的浓度取决于流速。如果以精确的化学计量比 $S=1$ 供应空气，则供应空气中的所有氧气都将在燃料电池中消耗掉，即排气中的氧气浓度为零。流速越高，出口处和整个电池中的氧气浓度越高。

如果燃料电池入口处氧气的体积分数或摩尔分数为 $r_{O_2,in}$，则出口处的氧气体积分数或摩尔分数为

$$r_{O_2,out} = \frac{S-1}{\dfrac{S}{r_{O_2,in}}-1} \tag{5-18}$$

5.4 反应物湿度

由于质子交换膜需要水来保持质子传导性，因此两种反应气体通常需要在进入电池之前进行加湿。湿度比是气流中存在的水蒸气量与干燥气体量之间的比率。质量湿度比（水蒸气质量／干气质量）为

$$x = \frac{m_v}{m_g} \tag{5-19}$$

摩尔湿度比（水蒸气摩尔数／干气摩尔数）为

$$\chi = \frac{N_v}{N_g} \tag{5-20}$$

质量湿度比和摩尔湿度比之间的关系是

$$x = \frac{M_v}{M_g}\chi \tag{5-21}$$

气体的摩尔比与分压比相同

$$\chi = \frac{P_v}{P_g} = \frac{P_v}{P-P_v} \tag{5-22}$$

式中，P 是总压力；P_v 和 P_g 分别是水蒸气和干气的分压。

相对湿度是水蒸气分压 P_v 和饱和压力 P_{vs} 之间的比率，也是给定条件下气体中可以存在的最大水蒸气量

$$\varphi = \frac{P_v}{P_{vs}} \tag{5-23}$$

饱和压力仅是温度的函数，饱和压力值可以在热力学表中查到。ASHRAE 手册[77] 提供的方程，能计算 0～100℃之间任何给定温度的饱和压力（Pa）

$$P_{vs} = e^{aT^{-1}+b+cT+dT^2+eT^3+f\ln(T)} \tag{5-24}$$

式中，$a = 5800.2206$，$b = 1.3914993$，$c = 0.048640239$，$d = 0.41764768 \times 10^{-4}$，$e = 0.14452093 \times 10^{-7}$，$f = 6.5459673$。湿度比可以用相对湿度、饱和压力和总压力通过式（5-21）～ 式（5-23）表示

$$x = \frac{M_v}{M_g} \frac{\varphi P_{vs}}{P - \varphi P_{vs}} \tag{5-25}$$

并有

$$\chi = \frac{\varphi P_{vs}}{P - \varphi P_{vs}} \tag{5-26}$$

图 5-6 显示了不同温度和压力下气体中的水蒸气含量。由式（5-26）得出，在较低压力下，气体可以含有更多的水蒸气，并且由式（5-24）和式（5-26）得出，气体中的含水量随温度呈指数增加。在 80℃和环境压力下，空气中的含水量接近 50%，按体积计的水蒸气含量为

$$r_{H_2O,v} = \frac{\chi}{\chi + 1} = \frac{\varphi P_{vs}}{P} \tag{5-27}$$

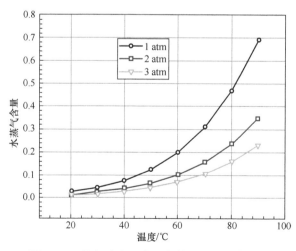

图 5-6　不同温度和压力下气体中的水蒸气含量

　　燃料电池入口空气中所有水蒸气凝结的温度，被称为露点温度。由于阳极侧露点温度对净阻力系数 r_d 非常敏感，并迅速增加到 80℃以上的值，因此当电池在逆流模式下运行时，建议将阳极出口作为燃料电池的热端，这可以促进冷却剂从阳极逆流运行到阴极。

　　如果燃料电池运行时未加湿空气，尽管产物水足以在排气处加湿空气，但气流在进入电池后会迅速升温，导致相对湿度降至25%以下，而在通道末端，空气流完全饱和，但在整个阴极通道中，空气实际上是干燥的。如果沿阴极通道建立温度梯度分布防止空气快速升温并确保相对湿度接近100%，则可以避免这种情况，这可以通过使冷却剂逆流流向阴极和/或通过精心设计电池散热来实现，如果这些措施都不足以避免燃料电池中的干燥条件，则可能需要在空气进入燃料电池之前对其进行加湿。

　　当两种气体（氢气和空气）在电池温度下都饱和时，仍然有可能在阳极或阴极上发生脱水，这取决于净水阻力的大小和方向。有限的正阻力不一定会导致阳极气体脱水，而在阴极气体表现出脱水之前，可能会出现相当大的负阻力。

5.5 质量平衡

　　燃料电池运行时，反应物流入和流出是一个动态平衡的过程。燃料电池质量平衡要求所有输入质量的总和必须等于所有质量输出的总和，输入是燃料和氧化剂以及这些气体中存在的水蒸气的流量，而输出是未使用的燃料和氧化剂以及这些气体中存在的水蒸气、燃料或氧化剂废气中存在的任何液态水的流量

$$\sum (\dot{m}_i)_{in} = \sum (\dot{m}_i)_{out} \tag{5-28}$$

式中，i 表示物质，即 H_2、O_2、N_2、$H_2O(g)$ 和 $H_2O(l)$，当从燃料重整器供给氢气时，也可能存在其他物质，例如 CO_2 和少量 CO、CH_4 等，此时也必须考虑其质量平衡。

5.5.1 入口流量

　　燃料电池反应物的消耗与电流和电池数量成正比，此外，化学计量比定义为燃料电池入口处反应物的实际流量与其理论消耗量之间的比率，因此，入口处反应物及其物质组分的所有流速也与电流和电池数量成正比。电池的功率输出为

$$W_{el} = n_{cell} I V_{cell} \tag{5-29}$$

　　所有流量也与功率输出成正比，与电池电压成反比

$$n_{cell}I = \frac{W_{el}}{V_{cell}} \tag{5-30}$$

氢气质量流量（$g \cdot s^{-1}$）为

$$\dot{m}_{H_2,in} = S_{H_2}\dot{m}_{H_2,cons} = S_{H_2}\frac{M_{H_2}}{2F}In_{cell} \tag{5-31}$$

如果氢气在气体混合物中，体积分数或摩尔分数为 r_{H_2}，则混合物质量流量为

$$\dot{m}_{fuel} = \dot{m}_{H_2,cons} = \frac{S_{H_2}}{r_{H_2}}\frac{M_{fuel}}{2F}In_{cell} \tag{5-32}$$

氧气质量流量（$g \cdot s^{-1}$）为

$$\dot{m}_{O_2,in} = S_{H_2}\dot{m}_{O_2,cons} = S_{O_2}\frac{M_{O_2}}{4F}In_{cell} \tag{5-33}$$

空气质量流量（$g \cdot s^{-1}$）为

$$\dot{m}_{Air,in} = \frac{S_{O_2}}{r_{O_2}}\frac{M_{Air}}{4F}In_{cell} \tag{5-34}$$

在燃料电池入口氮气的体积分数为 79%，因此氮气的质量流量（$g \cdot s^{-1}$）为

$$\dot{m}_{N_2,in} = S_{O_2}\frac{M_{N_2}}{4F}\frac{1-r_{O_2,in}}{r_{O_2,in}}In_{cell} \tag{5-35}$$

氢气入口中存在水蒸气时，入口质量流量（$g \cdot s^{-1}$）与相对湿度 φ_{an} 的关系为

$$\dot{m}_{H_2OinH_2^{in}} = S_{H_2}\frac{M_{H_2O}}{2F}\frac{\varphi_{an}P_{vs(T_{an,in})}}{P_{an}-\varphi_{an}P_{vs(T_{an,in})}}In_{cell} \tag{5-36}$$

如果提供的不是纯氢气，而是以气体混合物的形式提供，则燃料入口的水蒸气质量流量（$g \cdot s^{-1}$）与体积分数或摩尔分数 r_{H_2} 的关系为

$$\dot{m}_{H_2O,fuel^{in}} = \frac{S_{H_2}}{r_{H_2}}\frac{M_{H_2O}}{2F}\frac{\varphi_{an}P_{vs(T_{an,in})}}{P_{an}-\varphi_{an}P_{vs(T_{an,in})}}In_{cell} \tag{5-37}$$

氧气入口存在水蒸气时，入口质量流量（$g \cdot s^{-1}$）与相对湿度 φ_{ca} 的关系为

$$\dot{m}_{H_2OinO_2^{in}} = S_{O_2}\frac{M_{H_2O}}{4F}\frac{\varphi_{ca}P_{vs(T_{ca,in})}}{P_{ca}-\varphi_{ca}P_{vs(T_{ca,in})}}In_{cell} \tag{5-38}$$

如果使用空气作为氧化剂，进气口的水蒸气质量流量（$g \cdot s^{-1}$）为

$$\dot{m}_{H_2O,Air^{in}} = \frac{S_{O_2}}{r_{O_2}} \frac{M_{H_2O}}{4F} \frac{\varphi_{ca} P_{vs(T_{ca,in})}}{P_{ca} - \varphi_{ca} P_{vs(T_{ca,in})}} In_{cell} \qquad (5\text{-}39)$$

5.5.2 出口流量

出口质量流量方程须考虑反应物消耗、水生成和跨膜的水传输，未使用氢气的流量为

$$\dot{m}_{H_2,out} = (S_{H_2} - 1) \frac{M_{H_2}}{2F} In_{cell} \qquad (5\text{-}40)$$

氢气出口的含水量等于通过氢气入口带入电池的水减去穿过膜的净水运输量。由于电渗阻力，水会从阳极"泵送"到阴极（$\dot{m}_{H_2O,ED}$）；同时，由于水的浓度梯度和压力差，一些水会反向扩散（$\dot{m}_{H_2O,BD}$），净水传输是这两个通量之间的差值。阳极侧的水平衡为

$$\dot{m}_{H_2O,H_2^{out}} = \dot{m}_{H_2O,H_2^{in}} - \dot{m}_{H_2O,ED} + \dot{m}_{H_2O,BD} \qquad (5\text{-}41)$$

就像任何其他流入或流出燃料电池的流量一样，电渗阻力与电流成正比

$$\dot{m}_{H_2O,ED} = \xi_D \frac{M_{H_2O}}{F} In_{cell} \qquad (5\text{-}42)$$

式中，比例常数 ξ_D 为电渗阻力系数，代表每个质子的水分子数，当 $\xi_D = 1$ 时，每个质子伴随一个水分子形成 H_3O^+。

水的反向扩散取决于膜两侧的水浓度、通过膜的水扩散率和膜厚度。因为水的浓度不均匀，所以要准确计算整个电池或电池堆的反扩散并不容易。反向扩散可以表示为电渗阻力分数 β，当 $\beta = 1$ 时，反向扩散等于电渗阻力，此时没有跨膜的净水传输。系数 β 可以通过实验测量阳极和阴极废气流中的含水量来确定

$$\dot{m}_{H_2O,BD} = \beta \dot{m}_{H_2O,ED} = \beta \xi_D \frac{M_{H_2O}}{F} In_{cell} \qquad (5\text{-}43)$$

净水传输系数 r_D、电渗阻力系数 ξ_D 和电渗阻力分数 β 之间的关系为

$$r_D = \xi_D (1 - \beta) \qquad (5\text{-}44)$$

根据氢气流速、化学计量比和出口条件（温度和压力），氢气出口处的水可能仅作为水蒸气存在，或尾气氢气中水蒸气饱和后可能存在液态水。阳极出口处的水蒸气含量/通量是阳极出口处的总水通量［由式（5-40）计算］和废气可以携带的最大水蒸气量（饱和度）中的较小者

$$\dot{m}_{H_2O,H_2^{out},V} = \min\left[(S_{H_2}-1)\frac{M_{H_2O}}{2F}\frac{P_{vs(T_{out,an})}}{P_{an}-\Delta P_{an}-P_{vs(T_{out,an})}}In_{cell},\dot{m}_{H_2O,H_2^{out}}^{max}\right] \quad (5\text{-}45)$$

式中，ΔP_{an} 为阳极侧压降，即阳极进、出口压力差，如果废气中有液态水，则气体已经饱和。

液态水的量（如果有的话）是排气中的总水量与水蒸气之间的差值

$$\dot{m}_{H_2O,H_2^{out},L} = \dot{m}_{H_2O,H_2^{out}} - \dot{m}_{H_2O,H_2^{out},V} \quad (5\text{-}46)$$

类似的方程可以应用于阴极排气，出口处的氧气流量（即未使用的氧气）等于入口处供应的氧气减去燃料电化学反应中消耗的氧气

$$\dot{m}_{O_2,out} = (S_{O_2}-1)\frac{M_{O_2}}{4F}In_{cell} \quad (5\text{-}47)$$

由于氮气不参与燃料电池反应，出口处的氮气流量与入口处的流量相同

$$\dot{m}_{N_2,out} = \dot{m}_{N_2,in} = S_{O_2}\frac{M_{N_2}}{4F}\frac{1-r_{O_2,in}}{r_{O_2,in}}In_{cell} \quad (5\text{-}48)$$

消耗的空气流量是氧气和氮气流量的总和

$$\dot{m}_{Air,out} = \left[(S_{O_2}-1)M_{O_2} + S_{O_2}\frac{1-r_{O_2,in}}{r_{O_2,in}}M_{N_2}\right]\frac{In_{cell}}{4F} \quad (5\text{-}49)$$

一般，出口处的氧气体积分数低于入口处的体积分数

$$r_{O_2,out} = \frac{S_{O_2}-1}{\dfrac{S_{O_2}}{r_{O_2,in}}-1} \quad (5\text{-}50)$$

式中，$r_{O_2,in}$ 和 $r_{O_2,out}$ 分别指入口和出口干燥空气中氧气的体积分数或摩尔分数。潮湿空气中的实际体积分数较低

$$r_{O_2,out}^* = \frac{S_{O_2}-1}{\dfrac{S_{O_2}}{r_{O_2,in}}-1}\left(1-\frac{\varphi P_{vs}}{P}\right) \quad (5\text{-}51)$$

阴极出口中的含水量等于入口处潮湿空气带入电池的水量加上电池内产生的水量，再加上跨膜的净水运输量，即电渗阻力与反向扩散之差

$$\dot{m}_{H_2O,Air^{out}} = \dot{m}_{H_2O,Air^{in}} + \dot{m}_{H_2O,gen} + \dot{m}_{H_2O,ED} - \dot{m}_{H_2O,BD} \quad (5\text{-}52)$$

根据氧气/空气流速、化学计量比和出口条件（温度和压力），阴极出口处的水可能仅以水蒸气形式存在，或者在气体饱和后可能同时存在液态水和水蒸气。阴极出口处的水蒸气含量/通量是阴极出口处的总水通量与废气可以携带的最大量（饱和度）中的较小者

$$\dot{m}_{H_2O,Air^{out},V} = \min\left[\frac{S_{H_2} - r_{O_2,in}}{r_{O_2,in}}\frac{M_{H_2O}}{4F}\frac{P_{vs(T_{out,ca})}}{P_{ca} - \Delta P_{ca} - P_{vs(T_{out,ca})}}In_{cell}, \dot{m}_{H_2O,Air^{out}}^{max}\right] \tag{5-53}$$

式中，ΔP_{ca} 为阴极侧压降，即进、出口压力差。

液态水的量（如果有的话）是出口中的总水量与水蒸气之间的差值

$$\dot{m}_{H_2O,Air^{out},L} = \dot{m}_{H_2O,Air^{out}} - \dot{m}_{H_2O,Air^{out},V} \tag{5-54}$$

若给定电池入口条件（温度、压力、流速、相对湿度）和一些已知或估计的性能特征（如电流、压降、温差、电渗阻力和反向扩散），即可计算出流量，比如出口处的水条件，或者利用出口条件来调整入口条件。

5.6　能量平衡

燃料电池能量平衡要求所有输入能量之和必须等于所有输出能量之和

$$\sum(H_i)_{in} = W_{el} + \sum(H_i)_{out} + Q \tag{5-55}$$

输入能量是指进入燃料电池的所有流量的焓，即燃料和氧化剂以及这些气体中存在的水蒸气的焓。输出能量包括以下几种形式：

1）产生的电力。

2）流出燃料电池的所有流量的焓，即未使用的燃料和氧化剂以及这些气体中存在的水蒸气的焓，加上燃料或氧化剂废气中存在的任何液态水的焓。

3）燃料电池的热通量，既包括可控制的通过冷却介质输出的热量，也包括不受控制的从燃料电池表面到周围环境的热扩散（辐射和对流）。

对于进出燃料电池的流量，都有一个相关的焓，可以用式（5-56）~式（5-60）计算。每一种干燥气体或干燥气体混合物的焓（$J \cdot s^{-1}$）为

$$H = \dot{m}c_p t \tag{5-56}$$

式中，$\dot{m}$ 为气体或气体混合物的质量流量（$g \cdot s^{-1}$）；c_p 为比热容（$J \cdot g^{-1} \cdot ℃^{-1}$）；$t$ 为温度（℃）。需要注意的是，若使用摄氏度则意味着已选择0℃作为所有焓的参考状态。

如果气体是可燃的，即它有一个热值，那么它的焓是

$$H = \dot{m}(c_p t + h_{HHV}^0) \qquad (5\text{-}57)$$

式中，h_{HHV}^0 是气体在 $0\,℃$ 时的较高热值（$J \cdot g^{-1}$）。典型的热值是在 $25\,℃$ 下，热值在 $25\,℃$ 和 $0\,℃$ 下的差值等于这两个温度下反应物和产物的焓之差。因此，氢气在两个温度下的焓差为

$$h_{HHV}^0 = h_{HHV}^{25} - 25\left(c_{p,H_2} + \frac{1}{2}\frac{M_{O_2}}{M_{H_2}}c_{p,O_2} - \frac{M_{H_2O}}{M_{H_2}}c_{p,H_2O(l)} \right) \qquad (5\text{-}58)$$

水蒸气的焓为

$$H = \dot{m}_{H_2O(g)}(c_{p,H_2O(g)}t + h_{fg}^0) \qquad (5\text{-}59)$$

液态水的焓为

$$H = \dot{m}_{H_2O(l)}c_{p,H_2O(l)}t \qquad (5\text{-}60)$$

燃料电池入口和出口中常见的物质的一些特性列于表 5-3。

表 5-3　入口和出口常见物质的一些特性

物质	摩尔质量 /($g \cdot mol^{-1}$)	比热容 /($J \cdot g^{-1} \cdot K^{-1}$)	高热值 /($J \cdot g^{-1}$)
氢气（H_2）	2.0158	14.2	141900
氧气（O_2）	31.9988	0.913	
氮气（N_2）	28.0134	1.04	
空气	28.848	1.01	
水蒸气［$H_2O(g)$］	18.0152	1.87	
水［$H_2O(l)$］	18.0152	4.18	
一氧化碳	28.0105	1.1	10100
二氧化碳	44.0099	0.84	
甲烷	16.0427	2.18	55500
甲醇（1）	32.04	2.5	22700

第6章

PEM 燃料电池性能计算方法

性能计算在燃料电池的设计和开发过程中起着重要的作用，一般是在燃料电池开发周期的早期开始，可以使用准确且稳定的模型更有效地设计和开发燃料电池堆，并且通常可以更快提高性能和降低制造成本。

燃料电池数值模拟是其性能计算和设计的一种有效工具，能够快速提供电池参数，预测不同运行条件下燃料电池的性能，例如，预测 PEM 燃料电池在不同的温度、湿度水平和燃料混合物下的运行性能，还可提供对燃料电池内部与水热管理相关状态的直观观察，为控制策略的开发和应用提供理论依据。

根据 http://openfuelcell.sourceforge.net/documentation 网站开源的"openFuelCell"C++源代码，基于 OpenFOAM 平台，采用有限体积法（FVM），专门数值模拟 PEM 燃料电池和 SOFC，能够模拟预测这两种燃料电池的二维（2D）、三维（3D）单通道或单电池、电堆的电池输出性能，包括电流、电压等，以及多组分、多相传输的气体流动和电化学反应现象，包括反应物和生成物在流道、多孔介质内的流动、扩散、电化学反应等过程，能预测全域的温度、速度、压力、浓度、组分、电流密度等物理量的场分布特点，还能进行瞬态和稳态两种不同条件的运行模拟。但是此模型不能分析电池内的水相变、液气混合流动、电子和离子流动、局部电位等与实际电池运行无限接近的物理化学现象，这是此模型不太完善的地方。

以下将以 PEM 燃料电池数值建模方法为例进行介绍。

6.1 模型假设

与所有数值模型类似，需要恰当的模型假设。该 PEM 燃料电池数值模型假设如下：

1）燃料电池以稳态（或瞬态）运行。

2）所涉及的气体混合物是不可压缩的和理想的气体。

3）气道内雷诺数（Reynolds number）小于 100，即以层流为主。

4）水始终处于气态，没有任何水相变。

5）电化学反应发生在电解质膜和催化层之间的界面处。

6）膜不透气，即不存在电池内电流现象。

7）不考虑电子和质子的迁移。

上述大多数假设与文献中建模研究的假设基本相似[78, 79]。在上述假设下，在 PEM 燃料电池模型中求解偏微分方程和电化学反应方程，主要方程式将在本章进行详细介绍。

6.2 控制方程

PEM 燃料电池内发生的物理现象通常可以通过质量、动量、能量、物质和电流传输等偏微分守恒方程来描述，此外，还可以运用专门处理燃料电池中特殊物理过程的一些方法，例如：

1）描述气体流道和多孔介质中流体流动的达西方程（Darcy's equation）。

2）菲克扩散定律（Fick's law）。

3）多组分扩散的 Stefan-Maxwell 方程。

4）傅里叶热传导定律（Fourier's law）。

5）描述电化学反应中电流与反应物消耗之间关系的法拉第定律（Faraday's law）。

6）描述电流和电位之间关系的 B-V 方程。

7）描述电流传导的欧姆定律（Ohm's law）。

6.2.1 质量守恒

计算流体力学（CFD）中质量守恒的一般方程适用于燃料电池内部的所有过程，如流体流动、扩散、相变和电化学反应，具有不同密度的气体混合物的质量守恒可表示为[80]

$$\frac{\partial \rho}{\partial t} + \nabla \cdot (\rho U) = S_m \tag{6-1}$$

式中，ρ 是气体混合物密度（$kg \cdot m^{-3}$）；U 是流体速度矢量（$m \cdot s^{-1}$）；∇ 是哈密尔顿算子，它是某一物理量在三个坐标方向的偏导数的矢量和，即 $\nabla = \frac{\partial}{\partial x}\vec{i} + \frac{\partial}{\partial y}\vec{j} + \frac{\partial}{\partial z}\vec{k}$；$S_m$ 是质量源项，与催化层反应位点的电化学反应有关（$kg \cdot m^{-3} \cdot s^{-1}$）。

式（6-1）中，左侧第一项（瞬态项）表示质量随时间的累积，适用于瞬态计算，第二项表示质量通量的变化。气体混合物密度 ρ 表示为

$$\rho = \frac{P}{RT\sum(Y_i / M_i)} \tag{6-2}$$

式中，Y_i 是物质 i 的质量分数（%）；M_i 是物质 i 的摩尔质量（$kg \cdot mol^{-1}$）；T 是温度（K）；P 是气体压力（Pa）；R 是理想气体常数，$R = 8.3145 J \cdot mol^{-1} \cdot K^{-1}$。

一般电池入口处气体是完全加湿的边界条件，因此入口处可使用恒定的混合物密度，然而在电池内部的其他区域，由式（6-2）可考虑可变混合物密度。

质量守恒方程式（6-1）中的源项 S_m 根据阳极和阴极而不同，基于燃料电池的化学计量反应中释放的电子[81]，阴极和阳极的质量守恒方程的源项可分别表示为

$$S_{m,c} = -\frac{i}{4F}M_{O_2} + \frac{i}{2F}M_{H_2O} \tag{6-3}$$

$$S_{m,a} = -\frac{i}{2F}M_{H_2} \tag{6-4}$$

式中，i 是局部电流密度（$A \cdot m^{-2}$）；F 是法拉第常数，$F = 96485 C \cdot mol^{-1}$。式（6-3）和式（6-4）中，正号（+）表示生成产物，负号（-）表示反应物消耗。

6.2.2 动量守恒

纳维 - 斯托克斯（Navier-Stokes）方程又称动量守恒方程，是 CFD 中的重要方程之一。应用于燃料电池内气体流动区域的 Navier-Stokes 方程，即气体在气体流道、催化层和气体扩散层内的流动，可以表示为[82]

$$\frac{\partial(\rho U)}{\partial t} + \nabla \cdot (\rho U U) = -\nabla P + \nabla \cdot (\mu \nabla U) + S_n \tag{6-5}$$

式中，P 是流体压力（Pa）；μ 是混合物的动力黏度（$kg \cdot m^{-1} \cdot s^{-1}$）；$S_n$ 是动量源项（$kg \cdot m^{-2} \cdot s^{-2}$）。

式（6-5）的速度和压力分布采用压力隐式分离算子（PISO）算法求解，该算法基于压力和速度校正之间更高程度的近似关系，已被广泛用于解决压力 - 速度耦合问题，可同

时适用于稳态和瞬态问题计算。

动量守恒方程中的左侧第一项（瞬态项）表示动量随时间的累积，同样适用于瞬态计算，第二项描述平流动量通量；动量守恒方程右侧的前两项分别表示由于压力和黏度而赋予的动量。需要注意的是，燃料电池 Navier-Stokes 方程中，由于多孔区域与流道区域的压力损失不同，因此不同区域的源项会不同。

流体的动力黏度是所有相关气体黏度的加权和[83]

$$\mu = \sum \mu_i Y_i \tag{6-6}$$

式中，特定气体 i 的局部动力黏度 μ_i 是温度 T 的函数，由六阶多项式表示[83]

$$\mu_i = \sum_{n=0}^{6} a_n \left(\frac{T}{1000} \right)^n \tag{6-7}$$

式中，系数 a_n 对于每个物质 i 都是唯一的，可以参考文献 [83] 中的参数。

由于催化层和气体扩散层中多孔结构的影响，会出现额外的压力损失，式（6-5）中的动量源项 S_n 在这些多孔层中设置为非零[84]，因此：

对于气体流动通道

$$S_n = 0 \tag{6-8}$$

对于催化层和气体扩散层

$$S_n = -\left(\mu D_n + 0.5 \rho |U| F_n \right) U \tag{6-9}$$

式中，D_n 为黏滞阻力系数（m^{-2}）；F_n 为黏性惯性系数（m^{-1}），若不考虑非线性项，则 F_n 设置为零。

然而，对于多孔区域中的流体，式（6-9）右侧的第一项与孔直径 d_{pore} 和孔隙率 ε 有关[85]

$$D_n = \frac{150}{d_{pore}^2} \frac{(1-\varepsilon)^2}{\varepsilon^3} \tag{6-10}$$

式中，ε 是气体扩散层（或催化层）的孔隙率，定义为空隙体积和总体积之比。

6.2.3　组分守恒

质量分数是混合物中气体成分的一个重要参数，阴极中水、氧气、氮气的质量分数和阳极中氢气、水的质量分数将分别由组分守恒方程确定[85]

$$\frac{\partial(\rho Y_i)}{\partial t} + \nabla \cdot (\rho U Y_i) + \nabla \cdot J_i = 0 \tag{6-11}$$

式中，i 分别代表氧气、氢气、氮气、水蒸气等物质组分；J_i 是质量扩散通量（$kg \cdot m^{-2} \cdot s^{-1}$）。

组分守恒方程式（6-11）的前两项分别代表物质随时间积累项和平流项，同样适用于瞬态计算，第三项代表物质在多孔介质中的菲克扩散，因此 J_i 由菲克扩散定律[79]计算

$$J_i = -\rho D_{i,\text{gas}} \nabla Y_i \tag{6-12}$$

式中，$D_{i,\text{gas}}$ 是气体混合物中物质 i 的质量扩散系数（$m^2 \cdot s^{-1}$）。

一般而言，惰性物质（阴极中的氮和阳极中的水）的质量分数不通过式（6-11）求解，而由总质量分数 1 减去阳极和阴极的其他活性物质的质量分数总和确定[86]。

由于阴极侧发生多于两种物质的多组分扩散，即涉及氧气、水和氮气，因此使用 Stefan-Maxwell 模型来计算气体混合物中的各个气体的扩散系数[78]

$$D_{\text{Stefan-Maxwell}} = D_{\text{A,gas}} = \frac{1 - X_\text{A}}{X_\text{B}/D_{\text{A,B}} + X_\text{C}/D_{\text{A,C}} + \cdots} \tag{6-13}$$

式中，$D_{\text{A, gas}}$ 是混合物中物质 A 的扩散系数（$m^2 \cdot s^{-1}$）；X_i 是物质 i 的摩尔分数（%）；$D_{i,j}$ 是基于二元扩散模型时物质 i 和 j 的扩散系数（$m^2 \cdot s^{-1}$）。

在 PEM 燃料电池的阳极中，只有两种物质存在，氢和水的扩散系数直接通过二元扩散模型进行计算，二元扩散系数和 Knudsen 扩散系数分别表示为

$$D_{\text{A,B}} = \frac{10^{-7} T^{1.75} \sqrt{1/M_\text{A} + 1/M_\text{B}}}{P_{\text{tot}} \left(V_\text{A}^{1/3} + V_\text{B}^{1/3} \right)^2} \tag{6-14}$$

$$D_{\text{Knudsen}} = \frac{d_{\text{pore}}}{3} \sqrt{\frac{8RT}{\pi M}} \tag{6-15}$$

式中，V 是气体扩散体积（m^3）；P_{tot} 是气体 A 和 B 的总压力（Pa）；d_{pore} 是多孔介质的平均孔径（m）。

为了考虑气体扩散层和催化层中小尺度和多孔特征的影响，气体 i 在多孔气体混合物中的有效扩散系数为[87]

$$D_{i,\text{gas}} = \frac{\varepsilon}{\tau^2 \left(1/D_{\text{Stefan-Maxwell}} + 1/D_{\text{Knudsen}} \right)} \tag{6-16}$$

式中，τ 是曲折度，描述多孔结构的多孔特性。

6.2.4 能量守恒

PEM 燃料电池中任何区域的能量守恒可描述为

$$\frac{\partial(\rho C_p T)}{\partial t} + \nabla \cdot (\rho U C_p T) = \nabla \cdot (k\nabla T) + S_T \tag{6-17}$$

式中，C_p 是混合物的比定压热容（J·kg^{-1}·K^{-1}）；T 是温度（K）；k 是有效热导率（W·m^{-1}·K^{-1}）；S_T 是体积能量源项（J·m^{-3}·s^{-1}）。有效热导率 k 由局部多孔材料的孔隙率校正

$$k = k_s(1-\varepsilon) + k_g\varepsilon \tag{6-18}$$

式中，k_s 和 k_g 分别是多孔区域中固体材料和气体的热导率。

能量守恒方程式（6-17）的源项 S_T 由电化学反应的焓变和电子 / 质子转移电阻引起的欧姆加热组成，因此[78, 84]

$$S_T = \Delta H_e \frac{i_{cell}}{Fh_{cell}} - \frac{i_{cell}V}{h_{cell}} + \frac{i_{cell}^2 R_e}{h_{cell}} \tag{6-19}$$

式中，ΔH_e 是每反应一个电子的焓变（J·mol^{-1}·e^{-1}）；i_{cell} 是电池的平均电流密度（A·m^{-2}）；V 是电池工作电压（V）；R_e 是燃料电池的总电阻（Ω·m^2）；h_{cell} 是电池高度（m）。

6.2.5 电荷守恒

在"openFuelCell"求解器中未考虑电荷守恒方程，此处介绍电荷守恒是为了 PEM 燃料电池数值模型的完整性，使初学者能够对电荷守恒方程有一个初步认识。

电流传输由电荷守恒的控制方程描述，对电子电流

$$\nabla \cdot (\kappa_s^{eff} \nabla \varphi_s) = S_{\varphi_s} \tag{6-20}$$

对离子电流（如 H$^+$）

$$\nabla \cdot (\kappa_m^{eff} \nabla \varphi_m) = S_{\varphi_m} \tag{6-21}$$

式中，κ_s^{eff} 是固相电导率（S·cm^{-1}）；κ_m^{eff} 是离聚物相（包括膜）的离子电导率（S·cm^{-1}），κ_m^{eff} 取决于离聚物内的温度和含水量 λ，而后者又是膜外部条件（相对湿度）的函数；φ_s 是固相电位（V）；φ_m 是电解质相电位（V）；S_φ 是电荷源项（A·m^{-3}），表示阳极催化层的体积转移电流 $S_{\varphi_s} = -j_a$ 和 $S_{\varphi_m} = j_a$，阴极催化层的体积转移电流 $S_{\varphi_s} = -j_c$ 和 $S_{\varphi_m} = -j_c$，以及其他区域 $S_\varphi = 0$。

在阳极或阴极上的任何计算体积内,产生的电子电流和离子电流相等,即 $S_{\varphi_s} = S_{\varphi_m}$,同时,阳极催化层中产生的总电流(电子或离子)必须等于阴极催化层中"消耗"的总电流(并且还必须等于通过膜的总电流)

$$\int_{V_a} j_a dV = \int_{V_c} j_c dV \qquad (6\text{-}22)$$

6.2.6 电化学反应

转移电流 j 是发生在催化剂表面的电化学反应的结果,由表面过电位 ΔV_{act} 驱动,也是固相和电解质膜之间的电位差

$$\Delta V_{act} = \varphi_s - \varphi_m - V_{ref} \qquad (6\text{-}23)$$

式中,下标 s 和 m 分别表示固相和电解质膜 - 离聚物相。

电极的参考电位在阳极侧为零,而在阴极侧等于在给定温度和阴极组装压力下的理论电池电位,电极的参考电位又称能斯特(Nernst)电压 E_{Nernst},能斯特电压可表示为[88]

$$E_{Nernst} = E_0 + \frac{RT}{nF} \ln \frac{X_{O_2}^{0.5} X_{H_2}}{X_{H_2O}} \qquad (6\text{-}24)$$

式中,n 是传输的电子数;E_0 是标准大气条件(298K,1bar)下的理论电位[76],约为 1.23V,表示为

$$E_0 = -\frac{\Delta G_{rxn}}{nF} = -\frac{\Delta H_{rxn} - T\Delta S_{rxn}}{nF} \qquad (6\text{-}25)$$

式中,ΔG_{rxn} 是吉布斯自由能变化(J·mol^{-1});ΔH_{rxn} 是焓变(J·mol^{-1});ΔS_{rxn} 是反应的熵变(J·K^{-1}·mol^{-1})。

参考图 3-9,式(6-23)定义的过电位在阳极上为正,在阴极上为负,而电池电压是电池两端的阴极和阳极固体之间的电位差

$$V_{cell} = \varphi_{s,c} - \varphi_{s,a} \qquad (6\text{-}26)$$

转移电流密度和交换电流密度的关系为

$$j = ai_0 \qquad (6\text{-}27)$$

式中,j 是转移电流密度(A·m^{-3});a 是单位体积的电催化表面积(m^{-1});i_0 是单位电催化(Pt)表面积的交换电流密度(A·m^{-2})。

电流密度和活化过电位的关系用 B-V 方程 [89] 表示

$$i = i_0 \left[\exp(A\eta_e) - \exp(B\eta_e) \right] \qquad (6\text{-}28)$$

式中

$$A = \frac{\alpha_e F}{RT} \qquad (6\text{-}29)$$

$$B = -\frac{(1-\alpha_e)F}{RT} \qquad (6\text{-}30)$$

式中，α_e 是传递系数；η_e 是阳极或阴极的活化过电位（V）。

所以活化过电位和转移电流密度之间的通用关系如下：

对于阴极

$$j_c = a i_{0,c} \left\{ \exp\left[\frac{\alpha_c F \eta_{act,c}}{RT} \right] - \exp\left[\frac{(1-\alpha_c)F\eta_{act,c}}{RT} \right] \right\} \qquad (6\text{-}31)$$

对于阳极

$$j_a = a i_{0,a} \left\{ \exp\left[\frac{\alpha_a F \eta_{act,a}}{RT} \right] - \exp\left[\frac{(1-\alpha_a)F\eta_{act,a}}{RT} \right] \right\} \qquad (6\text{-}32)$$

而局部交换电流密度由下式给出 [88]

$$i_{0,a} = \gamma_a \left(\frac{P_{H_2}}{P_0} \right)^m \exp\left(-\frac{E_{act,a}}{RT} \right) \qquad (6\text{-}33)$$

$$i_{0,c} = \gamma_c \left(\frac{P_{O_2}}{P_0} \right)^a \left(\frac{P_{H_2O}}{P_0} \right)^b \exp\left(-\frac{E_{act,c}}{RT} \right) \qquad (6\text{-}34)$$

式中，a、b、m 是反应级数；γ_a 和 γ_c 是指前因子，与催化剂催化活性有关；$E_{act,a}$ 是氢气反应活化能（$J \cdot mol^{-1}$）；$E_{act,c}$ 是氧气反应活化能（$J \cdot mol^{-1}$）。

电池平均电流密度是燃料电池中产生的总电流除以催化层表观几何面积

$$i_{avg} = \frac{1}{A} \int_{V_a} j_a dV = \frac{1}{A} \int_{V_c} j_c dV \qquad (6\text{-}35)$$

根据欧姆定律 [88]，电池电流密度为

$$i_{cell} = \frac{E_{Nernst} - V_{cell} - \eta}{R_e} \qquad (6\text{-}36)$$

式中，η 是燃料电池的过电位总和，包括欧姆过电位、活化过电位和浓差过电位。

6.3　几何建模

　　根据不同的研究需求和可获得的计算机 CPU 资源，PEM 燃料电池的数值模型一般分为一维（1D）模型、2D 模型、3D 模型等。显然，3D 模型更接近实际的燃料电池。以图 6-1 所示的单通道模型为例，3D 模型包括完整电池的阴 / 阳极催化层和气体扩散层、双极板以及电解质膜等中心层，可分析电池的反应物和生成物的流通量、流动方向、速度、浓度、组分、压力以及温度、局部电流密度、电位、过电位、扩散系数、热传导系数等物理场分布，还可以分析电池流道逆流和顺流、输出电压和电流密度等电池的综合性能。若采用完善的数值方程，还可以分析水相变、多相混合流动、电池电阻、电子和离子流动、局部电位等与实际电池运行无限接近的物理化学现象。

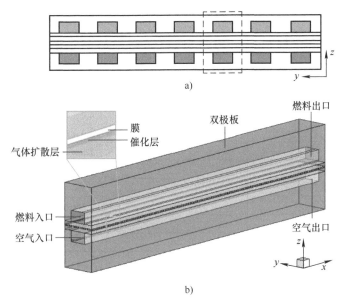

图 6-1　3D 模拟的 PEM 燃料电池单通道几何模型

　　比较常见的是 5cm×5cm 或者 10cm×10cm 单电池 3D 模型，电池堆也是 PEM 燃料电池 3D 模型的研究对象。一般而言，单通道电池不需要额外的冷却系统，而单电池和电池堆由于电化学反应面积大、产生热量较多，需要水冷或空气冷却系统，常见的是在双极板 / 集流板两侧设置流道，让冷却剂（水或空气）流过冷却流道，使电池内部的热量向外热传导 / 对流传递至冷却流道，将热量带离燃料电池，达到保持电池内部尤其是阴极催化层和电解质膜温度平衡的目的。

PEM 燃料电池 2D 数值模型是指沿通道横截面（yz 截面）的 2D 模型，例如图 6-1a 中的虚线框区域，用于分析由于反应物气体浓度降低、压降和浓度增加而导致的水沿通道变化问题。而 1D 模型穿过膜，如图 6-1a 中的虚线框区域的 z 方向，用于分析通道中任何给定条件下催化层和膜中的通量、浓度、温度和电位的线性分布。

3D 模型分析的是整个电池的流场、散热和电池综合性能，考虑的因素更全面，只是模型可能非常复杂且可能需要很长的计算时间。但是，如果边界条件选择得当，1D 和 2D 模型也可获得足够准确的信息，用于指导和设计 PEM 燃料电池。

基于 OpenFOAM 的 PEM 燃料电池模型的几何建模可以在 OpenFOAM 输入文件内完成，若是复杂的结构，则需要借助其他商业软件辅助完成几何建模过程。以下将介绍通过 Ansys Fluent 旗下的 ICEM CFD 软件建立目标几何模型并导入 OpenFOAM 的过程。

（1）网格构建 构建 CFD 网格之前需要构建几何模型，在几何模型的基础上再划分块（又称区域），在不同的块上再划分不同密度的网格。可选用 SolidWorks 或者直接在商业软件 ICEM CFD 中进行几何模型的构建，构建如图 6-1b 所示的几何结构，具体几何参数见表 6-1。

表 6-1　PEM 燃料电池模型的几何参数 [2, 90-93]

参数	数值 /m
流道长	4.0×10^{-2}
流道宽	2.0×10^{-3}
流道高	1.5×10^{-3}
肋宽	1.0×10^{-3}
双极板厚度	3.5×10^{-3}
气体扩散层厚度	0.3×10^{-3}
催化层厚度	2.0×10^{-5}
质子交换膜厚度	1.0×10^{-4}

将几何结构导入 ICEM CFD 软件中进行块的划分，按照 PEM 燃料电池的功能区，从左到右分别划分和命名 interconnect1、air、electrolyte、fuel、interconnect0 等块 / 区域，如图 6-2 所示，其中 air 和 fuel 又分别细分为 channel、GDL 和 CL 等子块，同一种块代表 CFD 中同一种流场，用一种颜色表示。

在划分块的基础上，需要对各个块划分网格。ICEM CFD 具有强大的构建网格能力，输出的多种网格格式能应用于许多 CFD 软件，根据块的流动特性和几何大小，在 x、y、z 三个方向上对块划分网格，还可划分非均匀 / 梯度网格，PEM 燃料电池单通道模型的整体网格、阴 / 阳极网格、双极板和电解质网格如图 6-3 所示。最后，将构建的整体网格输出为 Ansys Fluent 能识别的 fluent.msh 格式文件。

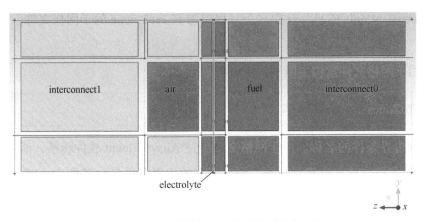

图 6-2　PEM 燃料电池单通道模型的块划分

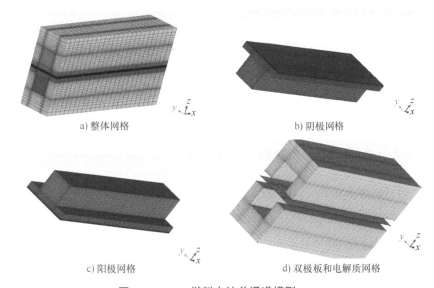

图 6-3　PEM 燃料电池单通道模型

（2）格式转换　fluent.msh 格式的网格不能被 OpenFOAM 直接识别和读取，因此需要进行格式转换。在 Ansys Fluent 软件中，打开上述 fluent.msh 网格文件，此时无须进行任何修改操作，直接另存为 fluent.cas 格式文件，注意保存过程中应取消勾选"binary format"选项，否则将不能被 OpenFOAM 软件识别。

（3）网格生成

1）将 fluent.cas 文件拷贝至 OpenFOAM 的 openFuelCell 求解器用户文件夹内，使用下述命令，生成 sets folder、cellZones 等文件夹：

```
>>fluentMeshToFoam -writeSets fluent.cas
```

2）在 constant/polyMesh/sets 路径下，保留带有 each zone 的子网格文件，删除其他所有文件。

3）使用子网格文件重构主网格，使用命令：

>>setsToZones

4）改变边界条件的名称。由于网格文件经过 Ansys Fluent 软件转换，而 Ansys Fluent 软件内的边界名称和块名称都是小写，同时所有的边界条件名称都是"wall"，因此必须在 OpenFOAM 用户的 0 文件里更改为正确的边界名称和初始边界条件。

5）使用下述命令重构子网格：

>>splitMeshRegions -cellZonesOnly

此处使用"-cellZonesOnly"而不是"-cellZones"是因为阴极和阳极分别存在块名"interconnect"，如果使用"-cellZones"，则另一个"interconnect"的 ID 就变为 -1。

6）拷贝"air""electrolyte"等文件夹至"constant/(regionname)/polyMesh"路径中，同时删除原来的"air""electrolyte"等文件夹和文件夹内的文件。

7）建立多孔介质区域，依次执行以下命令：

```
>>setSet -batch ./config/make.setAir -region air
>> rm -rf constant/air/polyMesh/sets/*_old
>>setsToZones -noFlipMap -region air
>>setSet -batch ./config/make.setFuel -region
>> rm -rf constant/fuel/polyMesh/sets/*_old
>>setsToZones -noFlipMap -region fuel
```

上述 1）~7）命令可以用一个 Makefile 可执行文件代替，Makefile 文件内容如下：

```
fluentMeshToFoam:
    (fluentMeshToFoam -writeSets *.cas);
    (rm -rf ./constant/polyMesh/sets/*sides);
    (rm -rf ./constant/polyMesh/sets/int_*);
    (rm -rf ./constant/polyMesh/sets/*let);
    (setsToZones);
```

```
(sed -i 's/wall/patch/g' ./constant/polyMesh/boundary);

(sed -i 's/interconnect0sides/interconnect0Sides/g' ./constant/polyMesh/boundary);

(sed -i 's/interconnect1sides/interconnect1Sides/g' ./constant/polyMesh/boundary);

(sed -i 's/airinlet/airInlet/g' ./constant/polyMesh/boundary);

(sed -i 's/airoutlet/airOutlet/g' ./constant/polyMesh/boundary);

(sed -i 's/fuelinlet/fuelInlet/g' ./constant/polyMesh/boundary);

(sed -i 's/fueloutlet/fuelOutlet/g' ./constant/polyMesh/boundary);

(sed -i 's/cathodesides/cathodeSides/g' ./constant/polyMesh/boundary);

(sed -i 's/anodesides/anodeSides/g' ./constant/polyMesh/boundary);

(sed -i 's/cflsides/cflSides/g' ./constant/polyMesh/boundary);

(sed -i 's/aflsides/aflSides/g' ./constant/polyMesh/boundary);

(sed -i 's/electrolytesides/electrolyteSides/g' ./constant/polyMesh/boundary);

(splitMeshRegions -cellZonesOnly);

(cp -r ./constant/polyMesh ./constant/air/);

(cp -r ./constant/polyMesh ./constant/fuel/);

(cp -r ./constant/polyMesh ./constant/electrolyte/);

(cp -r ./constant/polyMesh ./constant/interconnect0/);

(cp -r ./constant/polyMesh ./constant/interconnect1/);

(rm -rf constant/[afei]*/polyMesh/[bcfnop]*);

(cp -r ./1/air/polyMesh/*  ./constant/air/polyMesh/);

(cp -r ./1/fuel/polyMesh/*  ./constant/fuel/polyMesh/);

(cp -r ./1/electrolyte/polyMesh/*  ./constant/electrolyte/polyMesh/);

(cp -r ./1/interconnect0/polyMesh/*  ./constant/interconnect0/polyMesh/);

(cp -r ./1/interconnect1/polyMesh/*  ./constant/interconnect1/polyMesh/);

(rm -rf 1);

(setSet -batch ./config/make.setAir -region air -noVTK);

(rm -rf constant/air/polyMesh/sets/*_old);

(setsToZones -noFlipMap -region air);

(setSet -batch ./config/make.setFuel -region fuel -noVTK);

(rm -rf constant/fuel/polyMesh/sets/*_old);
```

```
(setsToZones -noFlipMap -region fuel);
(setSet -batch ./config/make.setElectrolyte -region electrolyte -noVTK);
(rm -rf constant/electrolyte/polyMesh/sets/*_old);
(setsToZones -noFlipMap -region electrolyte);
```

若运行上述 Makefile 可执行文件内所有命令行，将 fluent.cas 拷贝至 OpenFOAM 的 openFuelCell 求解器用户文件夹内后，只需要使用下述一条命令即可完成上述 1）~ 7）的所有步骤：

```
>> make fluentMeshToFoam
```

6.4 边界条件和参数设置

PEM 燃料电池的数值计算模拟需要将控制方程应用于计算模型，一般采用有限差分、有限体积或有限元方法求解控制方程。但是，在求解偏微分方程之前，需要设置所有控制方程的边界条件。

一般 PEM 燃料电池在 353K 的初始温度下建模，气体流道出口处设置 2atm（1atm = 101325Pa）的压力出口条件（背压），同时阴极和阳极分别供给饱和加湿的空气和氢气，其中特定质量分数的加湿气体参数参考于文献 [94]。入口速度是根据所需要的平均电流密度而设定，其中氧气的化学计量比为 2，氢气的化学计量比为 1.2[91]。其他物理参数的壁面设置为零梯度边界，具体边界条件设置见表 6-2。

表 6-2　PEM 燃料电池模型的边界条件

物理参数	上下边界条件	左右边界条件	进口条件	出口条件
U	$\partial U/\partial z = 0$	$\partial U/\partial y = 0$	$U_{空气/水} = 0.05\text{m} \cdot \text{s}^{-1}$ $U_{燃料/水} = 0.025\text{m} \cdot \text{s}^{-1}$	$\partial U/\partial x = 0$
T	$\partial T/\partial z = 0$	$\partial T/\partial y = 0$	353K	$\partial T/\partial x = 0$
P	$\partial P/\partial z = 0$	$\partial P/\partial y = 0$	$\partial P/\partial x = 0$	2.0atm
Y_i	$\partial Y_i/\partial z = 0$	$\partial Y_i/\partial y = 0$	$Y_{空气} = 0.844$，$Y_{水} = 0.156$ $Y_{氢气} = 0.406$，$Y_{水} = 0.594$	$\partial Y_i/\partial x = 0$

求解控制方程还需要各种物理参数设置，PEM 燃料电池模型中材料的其他输入特性、动力学和电化学反应的详细信息列于表 6-3 中。

表 6-3　PEM 燃料电池模型的参数和属性条件

参数和物理符号		数值和单位	参考文献
动力黏度，μ	空气 / 水	$2.03715 \times 10^{-5} kg \cdot m^{-1} \cdot s^{-1}$	[83]
	氢气 / 水	$1.0502 \times 10^{-5} kg \cdot m^{-1} \cdot s^{-1}$	[83]
密度，ρ	空气 / 水	$0.98335 kg \cdot m^{-3}$	[95]
	氢气 / 水	$0.1732 kg \cdot m^{-3}$	[95]
	电解质膜	$1980 kg \cdot m^{-3}$	[96]
	双极板	$2200 kg \cdot m^{-3}$	[2]
比热容，C_p	空气 / 水	$1070 J \cdot kg^{-1} \cdot K^{-1}$	[83]
	氢气 / 水	$11956 J \cdot kg^{-1} \cdot K^{-1}$	[83]
	电解质膜	$800 J \cdot kg^{-1} \cdot K^{-1}$	[97]
	气体扩散层	$1000 J \cdot kg^{-1} \cdot K^{-1}$	[97]
	催化层	$0.27 J \cdot kg^{-1} \cdot K^{-1}$	[97]
	双极板	$935 J \cdot kg^{-1} \cdot K^{-1}$	[2]
导热系数，k	空气 / 水	$0.0291965 W \cdot m^{-1} \cdot K^{-1}$	[83]
	氢气 / 水	$0.173176 W \cdot m^{-1} \cdot K^{-1}$	[83]
	电解质膜	$0.29 W \cdot m^{-1} \cdot K^{-1}$	[98]
	气体扩散层	$1.7 W \cdot m^{-1} \cdot K^{-1}$	[98]
	催化层	$0.27 W \cdot m^{-1} \cdot K^{-1}$	[98]
	双极板	$24 W \cdot m^{-1} \cdot K^{-1}$	[2]
孔隙率，ε	催化层	0.6	[99]
	气体扩散层	0.8	[100]
孔径，d	催化层	$1 \times 10^{-6} m$	[101]
	气体扩散层	$5 \times 10^{-5} m$	[100]
O_2 反应级数，a		0.5	
H_2O 反应级数，b		-1	
H_2 反应级数，m		1	
阴极指前因子，γ_c		$1 \times 10^{-5} A \cdot m^{-2}$	[102]
阳极指前因子，γ_a		$10 A \cdot m^{-2}$	[2]
阴极传递系数，α_c		0.5	[86]
阳极传递系数，α_a		0.5	[82]
阴极活化能，$E_{act,c}$		$6.6 \times 10^{4} J \cdot mol^{-1}$	[2]
阳极活化能，$E_{act,a}$		$3.46 \times 10^{4} J \cdot mol^{-1}$	[2]
电池电阻，R_e		$120 m\Omega \cdot cm^{2}$	[2]

6.5　模型验证

与其他 CFD 数值模拟过程一样，PEM 燃料电池的 CFD 模型也需要进行模型验证，模型验证包括网格独立性验证和科学性验证，验证的目的是检查模型的准确性和科学性。

（1）网格独立性验证　将某一 PEM 燃料电池模型划分成不同网格数量的算例，保持其他条件不变，且分别采用表 6-2 和表 6-3 的边界条件和物性参数等条件，经过计算后，监测电池模型的输出结果，比如电池平均温度、输出电压、平均电流密度、活化过电位等，比较不同网格数量下的某一个物理参数结果变化趋势，以表6-4中的输出平均电流密度结果为例，可以发现，随着网格数量的增加，平均电流密度逐渐趋于稳定，且逐渐保持不变或变化很小。因此，若要保证数值计算准确性不依赖于网格数量的变化，PEM燃料电池模型网格数量为68000的算例4可以确定为最低网格数量，后续计算算例将采用算例4或算例5的网格数量作为恒定网格进行。

表6-4　网格独立性验证的平均电流密度结果

算例	网格总数	平均电流密度 /（A·cm^{-2}）
1	15600	0.53879
2	24000	0.53942
3	40800	0.54144
4	68000	0.54293
5	103200	0.54292
6	143100	0.54293
7	189000	0.54293

需要注意的是，不同操作条件（几何尺寸、组装压力等）下的网格独立性验证结果可能不同。例如，3MPa组装压力条件下网格独立性验证的平均电流密度结果见表6-5，此时只有当网格数量达到221493（$101 \times 43 \times 51$）时才能认为电池性能与网格数量无关，因此，在这种操作条件下，后续计算应采用算例6或算例7的网格数量作为恒定网格进行。

表6-5　3MPa组装压力条件下网格独立性验证的平均电流密度结果

算例	网格密度（$x \times y \times z$）	网格总数	平均电流密度 /（A·cm^{-2}）
1	$51 \times 20 \times 26$	26520	0.49033
2	$61 \times 26 \times 32$	50752	0.49807
3	$71 \times 29 \times 37$	76183	0.50109
4	$81 \times 33 \times 42$	112266	0.50575
5	$91 \times 38 \times 46$	159068	0.51101
6	$101 \times 43 \times 51$	221493	0.51327
7	$111 \times 46 \times 57$	291042	0.51326
8	$121 \times 50 \times 63$	381150	0.51327

（2）科学性验证　采用上述网格独立性验证条件下的网格划分密度和网格数量，将PEM燃料电池模型设置与文献[103]相同的操作条件，操作条件包括电池几何尺寸、压力、湿度、组分、温度、催化性能、物性参数等，只有在相同操作条件下与实验数据进行比较，模拟结果才具有科学意义。将模拟结果与文献[103]中的实验数据进行比较，结果如图6-4

所示。结果表明，实验结果与数值预测结果吻合良好，在电池工作电压高于 0.63V 的范围内，电压和功率密度都得到了结果。当电流密度较小时，计算和实验测量的电压都下降很快，这主要是由活化损失引起，电压保持线性下降到 0.63V 的过程中，欧姆损耗占主导地位。图 6-4 所示的科学性验证结果说明此数值模型的科学性得到了实验的验证，因此该验证模型参数将用于后续的研究。

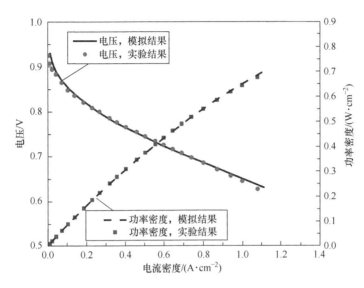

图 6-4　数值结果与实验结果的比较 [103]

6.6　操作使用

（1）获取源代码　假设用户在 Ubuntu 或 CentOS 操作系统的计算机上已经安装 Open-FOAM 2.1.1 或 2.1.x 等版本，并已经设置好所有环境变量，学习使用算例之前需要下载获得求解器的源代码，下面命令将开始下载"openFuelCell"求解器源代码：

```
>>cd <myChosenParentDirectory>
>>git clone git://git.code.sf.net/p/openfuelcell/git openfuelcell
>>cd openfuelcell
```

（2）编译求解器源代码

```
>>cd src
>>./Allwmake
```

```
>>cd ..
```

（3）单核运行算例　练习使用求解器中的算例，其中模型网格使用 OpenFOAM 中数据点进行建立时，使用如下方法进行网格建立：

```
>>cd run/<caseDirectory> #coFlow, counterFlow, crossFlow, ...
>>make mesh
```

运行算例：

```
>>make srun
```

上述两个命令执行的是 Makefile 内的快捷命令行，若不使用上述命令，也可以直接输入以下命令以启动运行算例，同时得到标准的输出日志文件 log.run。

```
>>pemfcFoam | tee log.run
```

（4）后处理计算结果　计算完成后，对于稳态计算，只需要生成最后一个时间步输出的可视化工具库（VTK）计算结果：

```
>>make view
```

对于非稳态（瞬态）计算，则需要生成所有时间步输出的 VTK 计算结果：

```
>>make viewAll
```

利用 ParaView 软件可视化最后一个时间步输出的 VTK 计算结果：

```
>>paraview
```

（5）多核并行运行算例　算例中 quickTestPar 是 quickTest 算例的并行版本，Open-FOAM 并行计算需要修改 system/decomposeParDict 文件参数，根据计算机或服务器的配置条件，设置 NPROCS 等适合的核数。多核并行运行算例包括以下步骤。

1）建立计算网格：

```
>>cd run/quickTestPar
>>make mesh
>>make parprep
```

2）分解网格和初始化场参数：

>>make parprep

3）并行运行算例：

>>make run

上述 make run 命令执行的是 Makefile 内的快捷命令，也可以直接运行 Makefile 内的命令行：

>>mpirun-mca mpi_warn_on_fork 0 -np $NPROCS pemfcFoam-parallel

4）计算完成后，重建并行网格和数据：

>>reconstructPar
>>reconstructPar −region air
>>reconstructPar −region fuel

或使用快捷命令，以重建并行网格和数据：

>>make reconstruct

5）以 VTK 格式生成最后一个时间步输出的计算结果：

>>foamToVTK −latestTime
>>foamToVTK −latestTime −region air
>>foamToVTK −latestTime −region fuel
>>foamToVTK −latestTime −region electrolyte
>>foamToVTK −latestTime −region interconnect0
>>foamToVTK −latestTime −region interconnect1

或者使用 Makefile 内的快捷命令，以 VTK 格式生成最后一个时间步输出的计算结果：

>>make view

6）数据后处理过程中，有时需要将 OpenFOAM 数据转换为 Tecplot 格式的数据，以使数据能在 Tecplot 软件中进行更多的后处理操作：

>>foamToTecplot360 -latestTime

>>foamToTecplot360 -latestTime -region air;

>>foamToTecplot360 -latestTime -region fuel;

>>foamToTecplot360 -latestTime -region electrolyte;

>>foamToTecplot360 -latestTime -region interconnect0;

>>foamToTecplot360 -latestTime -region interconnect1;

或者将上述命令写进 Makefile 文件，并使用快捷命令：

>>make foamToTecplot360

7）删除输出文件，以还原算例，并方便下一次继续测试或计算，还可以节省内存空间：

>>./Allclean

6.7　求解器结构

6.7.1　网格、物性和场

运行"openFuelCell"求解器过程中，首先运行的是电池模型全场网格创建命令代码，通过 $FOAM_SRC/OpenFOAM/lnInclude/createMesh.H 文件建立，通过 constant/polyMesh 用户文件输入网格信息。列于表 6-3 中的所有电池物性参数通过 constant/cellProperties 文件输入、通过 appSrc/readCellProperties.H 读取、通过 appSrc/createCellFields.H 创建场，根据需要，场对象参数 IOobjects 设置为不同的读写属性，包括 MUST_READ、READ_IF_PRESENT、NO_READ、AUTO_WRITE 以及 NO_WRITE 等。

同理，interconnect0、air、electrolyte、fuel 和 interconnect1 的网格、物性和场通过同样的方式读入和建立，例如网格通过 appSrc/create<region>Mesh.H 建立，物性参数通过 read<region>Properties.H 文件读取、通过 constant/<region>/<region>Properties 文件输入，而场是通过读取 0/<region>/<fieldName> 输入文件、通过 appSrc/create<region>Fields.H 建立。

6.7.2 流体物质和关联的场

air 和 fuel 的场内包括多种流体物质，创建流体物质的主要文件是 appSrc/createAirSpecies.H 和 appSrc/createFuelSpecies.H，而求解器中输入流体物质的文件是 constant/air/pemfcSpeciesProperties 和 constant/fuel/pemfcSpeciesProperties。

通过创建的流体物质，根据 pemfcSpeciesProperties/speciesList 名称嵌入 speciesTable 类的对象 airSpeciesNames，之后 pointerList 指针列表 airSpecies 通过 pemfcSpecie 建立，第 i 个 air 混合物就可以表示为 airSpecies[i]，因此流体的名称、物质的量、摩尔电荷（依据法拉第定律）、反应符号（生成 =1，不反应 =0，消耗 =−1）、生成焓、标准熵都保存在 pemfcSpecie 的对象中，并分别以 name()、MW()、ne()、rSign()、hForm() 和 sForm() 类方程表示，其中 pemfcSpecie 类可以在 src/libSrc 中找到。

读取流体物质数据之后，air 侧的物质被定义为 airInertSpecie，其可以以关键词 inertPemfcSpecie 在 pemfcSpeciesProperties 文件中找到。"inertSpecie"属于不发生化学反应的物质，即惰性气体，同时 "inert" 表明这种气体的质量分数不是通过分压方程求得，而是通过总质量分数 1 减去其他分压质量分数得到。

pemfcSpeciesProperties 文件包含物质摩尔等压热容的多项式系数（toddYoung 词典内），用来建立 polyToddYoung 对象的指针 molarCpAir，polyToddYoung 类可以计算等压热容的焓变和熵变（src/libSrc/polyToddYoung），因此在环境温度下可以得到 air 混合物中第 i 个物质的等压热容为 molarCpAir[i].polyVal(Tair.internalField())。

此外，物质名称用来建立指针 Yair，指向物质组分场 Ysp，其中 "sp" 是指物质名称。需要注意的是，物质组分场对象的读写属性是 MUST_READ，因此，必须存储在初始参数 0 文件内。而摩尔组分场是通过质量组分场计算得到，用 Xsp 表示，读写属性为 NO_READ、AUTO_WRITE，用指针 Xair 指向 Xair[i]，以表示 air 混合物中第 i 个物质的摩尔组分场。

最后，创建物质文件 createAirSpecies.H 会建立指针 diffSpAir，指向混合物中的标量场，读写属性是 READ_IF_PRESENT 和 AUTO_WRITE，初始值设置为 1。

同样，上述过程也适用于 fuel 这一侧，因此不做赘述。

6.7.3 化学反应

化学反应的化学计量系数是在 constant/rxnProperties 文件中读取，其中，"e" 是必须存在和读取的物质，它是指化学反应中电子传递的个数，这些参数通过 appSrc/readRxn-

119

Properties.H 读取并生成 hash 表 rxnSpCoef，之后即可通过物质名称赋予化学计量系数，比如 rxnSpCoef ["O2"] 或 rxnSpCoef[airSpecies[i].name()]。

6.7.4　全场 ID

PEM 燃料电池具有不同的流场区域，为了计算方便，全场物理量都建立了对应的 ID 地址，这些不同区域通过 appSrc/readCellProperties.H 读取，并在 appSrc/setGlobalPatchIds.H 文件中指定。

6.7.5　面到面插值

PEM 燃料电池的电化学反应发生在电解质膜的表面上，因此阴极侧氧气和阳极侧的氢气和水的摩尔分数场数据必须插值到电解质膜的表面场上，阳极侧计算的电流密度必须插值到电解质膜的表面以计算电解质膜上的体积热源。在这个求解器中，上述插值功能是通过 OpenFOAM 自带的 patchToPatchInterpolation 插值对象工具实现，通过 appSrc/ create-PatchToPatchInterpolation.H 创建。

6.7.6　气体扩散模型

气体扩散模型通过 appSrc/createDiffusivityModels.H 建立，针对 air 和 fuel，分别声明了不同的 diffusivity models 指针，air 侧称为 airDiffModels 指针，fuel 侧称为 fuelDiffModels 指针。

在 air 侧，airDiffusivityModel[m] 通过 scalarField 和 airDiff 传递返回值，扩散分为全部 air 区域（包括流道和多孔区域）和多孔区域（包括气体扩散层和催化层），用指针分别指向对应的区域，字典文件通过 constant/air/airProperties 读取全部 air 区域的初始扩散参数，而多孔区域的初始扩散参数通过 constant/air/porousZones 字典文件读取。

6.7.7　程序迭代循环

通过上述网格、物性和场的读入和建立，以及关联场、化学计量系数、ID 地址、数据插值、气体扩散模型的创建和读取，之后进入迭代循环，以求解方程达到收敛。pemfc-Foam.C 主程序的迭代循环如图 6-5 所示。

```
\*-----------------------------------------------------------------*/

#include <iostream>
#include <iomanip>

#include "fvCFD.H"
#include "atomicWeights.H"
#include "physicalConstants.H"
#include "specie.H"
#include "speciesTable.H"


#include "patchToPatchInterpolation.H"
#include "continuityErrs.H"
#include "initContinuityErrs.H"
#include "fixedGradientFvPatchFields.H"
#include "smearPatchToMesh.H"

#include "diffusivityModels.H"
#include "porousZones.H"
#include "polyToddYoung.H"

// * * * * * * * * * * * * * * * * * * * * * * * * * * //
int main(int argc, char *argv[])
{
#   include "setRootCase.H"
#   include "createTime.H"
#   include "createMesh.H"
#   include "readCellProperties.H"
#   include "createCellFields.H"
// * * * * * * * * * * * * * * * * * * * * * * * * * * * * * * * //

    Info<< "\n Starting time loop\n" << endl;

    bool firstTime = true;

    for (runTime++; !runTime.end(); runTime++)
    {
        Info<< "Time = " << runTime.timeName() << nl << endl;

#       include "mapFromCell.H"

#       include "rhoAir.H"
#       include "rhoFuel.H"


#       include "muAir.H"
#       include "muFuel.H"


#       include "solveFuel.H"
#       include "solveAir.H"
#       include "ReynoldsNumber.H"

#       include "diffusivityAir.H"
#       include "diffusivityFuel.H"

#       include "YfuelEqn.H"
#       include "YairEqn.H"
```

```
#       include "createInterconnect0Mesh.H"
#       include "createInterconnect1Mesh.H"
#       include "readInterconnectProperties.H"

#       include "createAirMesh.H"
#       include "readAirProperties.H"
#       include "createAirFields.H"
#       include "createAirSpecies.H"

#       include "createFuelMesh.H"
#       include "readFuelProperties.H"
#       include "createFuelFields.H"
#       include "createFuelSpecies.H"

#       include "createElectrolyteMesh.H"
#       include "readElectrolyteProperties.H"
#       include "createElectrolyteFields.H"

#       include "readRxnProperties.H"

#       include "setGlobalPatchIds.H"
#       include "electrolyteThickness.H"
#       include "createPatchToPatchInterpolation.H"
#       include "createDiffusivityModels.H"




#       include "solveElectrochemistry.H"

#       include "mapToCell.H"
#       include "solveEnergy.H"


        runTime.write();

        if(firstTime)
        {
            firstTime = false;
        }

        Info<< "ExecutionTime = "
            << runTime.elapsedCpuTime()
            << " s\n\n" << endl;
    }


    Info<< "End\n" << endl;
    return(0);
}
```

图 6-5　pemfcFoam.C 主程序的迭代循环

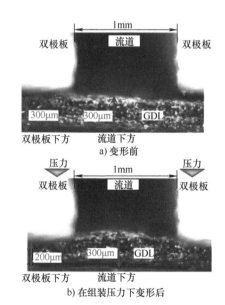

第 7 章

PEM 燃料电池组装力计算

为了防止 PEM 燃料电池内气体和液体的泄漏，整个电池需要用螺栓装配并密封，PEM 燃料电池在组装压力的作用下，各部分组件不可避免地会发生变形。而气体扩散层本身作为多孔介质，其强度不高，因此相比其他部件更易变形，而且其表面疏水涂层也会脱落，这就导致了气体扩散层会发生孔隙率、接触电阻等方面的改变。此外，气体扩散层表面结构也会发生改变，会出现许多亲水的凹陷区域，对流道内液态水的传输会产生重要的影响[104]。Nitta 等人[105]通过实验分析发现，组装压力大小对电池性能有显著影响。

7.1 气体扩散层变形

PEM 燃料电池组装压力会导致气体扩散层变形，因为气体扩散层纤维具有较好的拉伸和压缩强度[93]。因此，气体扩散层变形后，肋下方的气体扩散层变得更薄并挤入通道，在实验中观察到变形前后的这种现象，如图 7-1 所示，Kleemann 等人[107]也观察到不同材质的气体扩散层变形现象，并进行了证明[80, 108]。

气体扩散层的变形是由流道 / 肋结构在组装压力下引起，肋下方的气体扩散层会变得更薄，因为该区域的压缩效果比流

图 7-1　PEM 燃料电池气体扩散层和双极板的横截面[106]

道下方的区域更强，同时，这种变形也是非均匀变形。在组装压力下，通过数值模拟观察肋边缘附近的局部应力集中，结果表明，这种局部应力集中导致了气体扩散层变形[109]。

肋下方气体扩散层厚度的减小一般会造成孔隙率的降低[110]，同时，气体扩散层部分挤入流道，会导致气流通道的横截面积减小。增加组装压力通常会增加气体扩散层的变形，研究表明，气体扩散层变形不仅取决于组装压力的大小[106]，还取决于温度[105]、初始厚度[111]和气体扩散层的材质类型[107]。Nitta 等人[111]的实验研究表明，气体扩散层挤入流道取决于气体扩散层的初始厚度，而不是流道的宽度。也有研究表明，流道中心下方的纤维气体扩散层大部分保持其初始厚度。

Taymaz 等人[112]利用 Ansys 软件、Bograchev 等人[113, 114]利用 Abaqus 软件的 2D 模型，都对气体扩散层变形进行了数值预测，计算了其变形。过去数十年商业软件经历了快速发展，数值模拟被认为是研究气体扩散层变形现象的一种有效方法，根据这些变形现象，提出了大量的建模研究。其中，在 Bograchev 等人[113]的研究中，提出了各种螺栓扭矩的残余变形的演变过程。然而，文献中变形的气体扩散层并未用于进一步研究 3D 电池模型以评估其对质量传输和燃料电池性能的影响。

7.1.1 机械模型

机械模型旨在研究力学性能与应力或压力的关系，PEM 燃料电池组装过程中，由纤维材料或碳布材料制成的气体扩散层，比如 TGP-H-120 碳纸，或与之类似的材料[112, 115]，具有各向同性和可压缩性的特点。

文献中分别有各向同性模型[112]和各向异性模型[116]来预测气体扩散层变形，Nitta 等人[111]观察发现这两个模型之间存在很大差异，这是因为在平面内和垂直平面方向上的杨氏模量分别处在兆帕（MPa）到吉帕（GPa）量级上[113, 116-118]。本书采用文献 [113] 和文献 [114] 中描述的经典弹塑性模型预测气体扩散层的变形，将气体扩散层分为弹性区和塑性区，用变形张量表示弹性变形和塑性变形的总和[113]

$$\varepsilon_{ij} = \varepsilon_{ij}^{\text{EL}} + \varepsilon_{ij}^{\text{PL}} \tag{7-1}$$

式中，$\varepsilon_{ij}^{\text{EL}}$ 是弹性应变张量；$\varepsilon_{ij}^{\text{PL}}$ 是塑性应变张量。用胡克定律表示弹性区域，则应力张量可表示为[114]

$$\sigma_{ij} = \frac{E}{(1+\nu)(1-2\nu)} \left(\nu \varepsilon_{ij}^{\text{EL}} + \sum_k (1-2\nu) \varepsilon_{kk}^{\text{EL}} \delta_{ij} \right) \tag{7-2}$$

式中，σ_{ij} 是应力张量；ν 是泊松比；E 是杨氏模量（Young's modulus）；δ_{ij} 是克罗内克 δ

符号（Kronecker δ-symbol）。在塑性区，塑性行为由普朗特 - 罗伊斯（Prandtl-Reuss）理论衡量，von Mises 屈服函数表示为 [119]

$$f(\sigma_{ij}) = \sqrt{\frac{3}{2} S_{ij} S_{ji}} - \sigma_0 \tag{7-3}$$

式中，σ_0 是屈服强度；S_{ij} 是偏应力张量的分量 [114]

$$S_{ij} = \sigma_{ij} - \frac{1}{3} \sigma_{kk} \delta_{ij} \tag{7-4}$$

如果 $f(\sigma_{ij}) = 0$，则基于 von Mises 屈服准则，气体扩散层发生塑性变形；如果 $f(\sigma_{ij}) < 0$，则气体扩散层发生弹性变形。

在力学（机械）模型中，可利用 Ansys 软件预测半电池中气体扩散层 3D 模型的变形，该模型假设 PEM 燃料电池中的阴极和阳极具有相同且对称的结构，因此，它由双极板、气体扩散层、催化层和半尺寸膜的单通道结构组成，如图 7-2 所示。

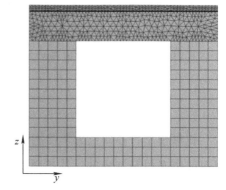

PEM 燃料电池机械模型的真实尺寸可从文献 [94] 中获取，需要注意的是，为了降低该机械模型的计算成本而不影响计算结果的准确性，可选择 3D 模型单元的长度为 0.005m。此外，忽略双极板、催化层和电解质膜的变形，因为与气体扩散层相比，它们的杨氏模量要大得多 [112, 118]。气体扩散层的相关力学性能列于表 7-1，没有列出其他组件的参数，因为它们被视为刚性材料。

图 7-2　气体扩散层变形前的力学模型剖面图

表 7-1　气体扩散层在力学模型中的物理参数

物理参数和符号	数值和单位	参考文献
密度，ρ	400kg·m^{-3}	[114]
杨氏模量，E	6.3MPa	[115]
泊松比，ν	0.09	[115]

燃料电池组装过程中，气体扩散层被双极板夹住，导致气体扩散层必然会发生变形。根据单通道电池的对称特征，本节仅介绍阴极气体扩散层的变形。图 7-3 显示了气体扩散层分别在 0MPa、1MPa、2MPa 和 3MPa 四种不同组装压力条件下变形后的形状尺寸，可以发现，对于组装压力为零的情况，即 0MPa 时，气体扩散层的厚度沿电池宽度方向保持不变，但会随着组装压力的不同而变化。当施加组装压力时，在肋部区域上方观察到较薄的

气体扩散层，这是因为肋部上方的气体扩散层由于多孔和柔韧的特性而被挤压变形。挤压变形的结果是通道上方的气体扩散层侵入通道，导致气流通道横截面积减小、气体扩散面积减小。

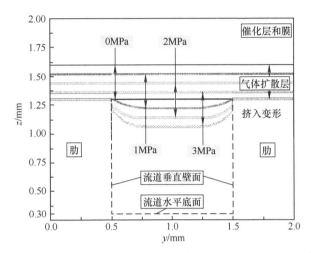

图 7-3　气体扩散层在不同组装压力条件下变形后的形状尺寸

7.1.2　孔隙率、电导率和传热系数

PEM 燃料电池中使用的气体扩散层具有多孔性和柔韧性，其物理性能会受到压缩变形的影响。气体扩散层变形前的初始厚度和变形后的压缩厚度可以从力学分析中获得，比如用 Ansys 软件分析获得。这里假设多孔的气体扩散层由孔和固体组成，且假设受压缩后只会产生厚度方向上的变化，如图 7-4 所示。

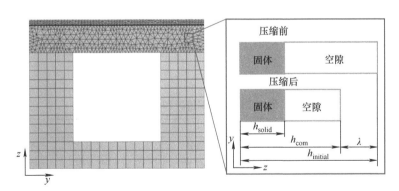

图 7-4　多孔气体扩散层变形前后的假设模型

为了方便数值描述气体扩散层变形后的孔隙率、曲折度和电导率等物性参数，气体扩散层压缩后的厚度 h_{com} 表示为

$$h_{com} = (1-\lambda)h_{initial} \tag{7-5}$$

式中，λ 是压缩比；h_{initial} 是气体扩散层未压缩时的初始厚度。固体材料的厚度 h_{solid} 可表示为[80]

$$h_{\text{solid}} = h_{\text{initial}}(1-\varepsilon_0) \tag{7-6}$$

式中，ε_0 是气体扩散层未压缩时的初始孔隙率。该模型假设气体扩散层厚度的变化仅由孔隙体积的变化引起，而不是由固体部分的变化引起。因此，气体扩散层压缩后的孔隙率是气体扩散层厚度的函数[80]

$$\varepsilon_{\text{com}} = \varepsilon_0 \frac{h_{\text{com}} - h_{\text{solid}}}{h_{\text{initial}} - h_{\text{solid}}} \tag{7-7}$$

式中，ε_{com} 是气体扩散层压缩后的孔隙率。另一个描述多孔结构的重要物理参数，即曲折度，可表示为[120]

$$\tau = 1 - 0.49\ln(\varepsilon) \tag{7-8}$$

贯穿平面方向的功能层电导率决定了电阻模型中的电性能，气体扩散层主体中的电导率与压缩后的厚度有关[121]

$$\sigma_{\text{com}} = \frac{\sigma_{\text{initial}}h_{\text{initial}}}{h_{\text{com}}} \tag{7-9}$$

然后可以通过压缩比来计算气体扩散层压缩后的电导率

$$\sigma_{\text{com}} = \frac{\sigma_{\text{initial}}}{1-\lambda}, \lambda \neq 1 \tag{7-10}$$

气体扩散层压缩情况和相关的多孔特性见表 7-2，之后将这些多孔特性参数应用于 PEM 燃料电池 CFD 模型中，以评估组装压力造成气体扩散层压缩变形对电池综合性能的影响。

表 7-2 气体扩散层压缩情况和相关的多孔特性

算例	$\lambda/\varepsilon/\tau$	
	肋部分	通道部分
Base	0/0.8/1.109	0/0.8/1.109
A1	0.1/0.7/1.175	0/0.8/1.109
A2	0.2/0.6/1.250	0/0.8/1.109
A3	0.3/0.5/1.340	0/0.8/1.109
A4	0.4/0.4/1.449	0/0.8/1.109

孔隙率是表征 PEM 燃料电池中多孔 GDL 传输现象的最重要参数之一。根据图 7-4 所示对多孔材料的假设，组装压力加载在气体扩散层上的结果是孔隙率和厚度均降低。再根

据压缩比，结合上述方程式，计算得到在不同组装压力下气体扩散层沿电池截面方向的孔隙率，预测结果如图 7-5 所示，其中，未变形气体扩散层的初始孔隙率为 0.8，并且在贯穿平面方向上孔隙率保持不变。

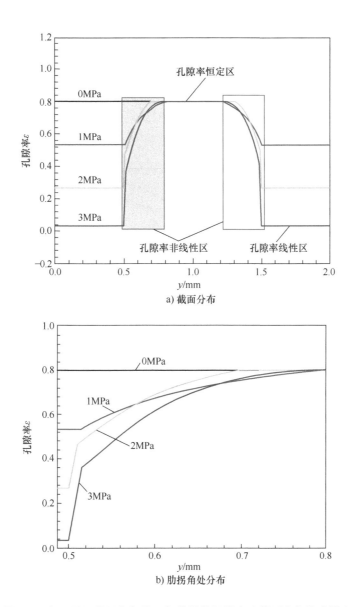

a) 截面分布

b) 肋拐角处分布

图 7-5　在不同组装压力条件下气体扩散层沿电池截面方向的孔隙率

结果表明，气体扩散层的孔隙率的分布在不同区域具有不同的特征，且存在过渡区域，即对应于通道与肋之间的气体扩散层存在一个非线性孔隙率分布区，如图 7-5b 所示，孔隙率急剧变化，而肋上方气体扩散层的孔隙率是线性分布区，此外，流道中部上方的孔隙率保持恒定不变。在文献 [110] 和文献 [122] 中也发现了类似由压缩引起的非线性孔隙率分布区，但是气体扩散层中这种非线性孔隙率分布的影响尚未在文献中得到很好的研究，一般在电池性能分析时都假定具有均匀且恒定分布的孔隙率；有趣的是，即使组装压力增加，孔隙率恒定分布区的气体扩散层孔隙率仍保持在初始值，这意味着该区域的气体扩散层没有像本书假设的那样发生变形。

图 7-6 显示了在不同组装压力条件下气体扩散层非线性孔隙率分布区的压缩比、孔隙率和相应的拟合曲线，可以看出，压缩比随着组装压力的增加而增加，孔隙率随组装压力增加而减小，呈与压缩比相反的变化趋势。

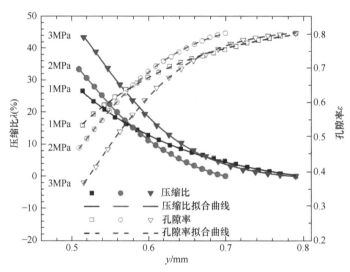

图 7-6　在不同组装压力条件下气体扩散层肋拐角处（非线性孔隙率分布区）的压缩比、孔隙率及其拟合曲线

图 7-7 显示了在不同组装压力条件下的线性孔隙率分布区，即肋上方气体扩散层的压缩比、孔隙率和相应的拟合曲线。结果表明，肋上方气体扩散层的压缩比和孔隙率在不同组装力条件下显示出线性行为，这可以通过气体扩散层机械模型中应用的恒定压缩阻力（杨氏模量）解释。

在线性孔隙率分布区，气体扩散层厚度减小 0.09 ~ 0.16mm，而在非线性孔隙率分布区，最显著的变形发生在组装压力为 3MPa 的情况下，此时厚度减小量为 0.13mm，压缩比达到 43%。以上所述气体扩散层在截面中的不均匀变形是由 PEM 燃料电池的"肋 / 通道"特殊结构决定。

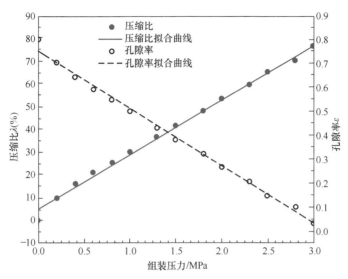

图 7-7　在不同组装压力条件下气体扩散层肋上方（线性孔隙率分布区）的压缩比、孔隙率及其拟合曲线

7.2　传质阻力

PEM 燃料电池多孔材料中的气体物质传输是通过对流和扩散的方式进行，外部提供的压力差产生对流，扩散是由电化学反应中消耗的反应物和生成的产物的浓度梯度驱动。在扩散传输过程中，如果存在组装压力，传质阻力是限制反应物 / 产物进入 / 移出 PEM 燃料电池中气体扩散层和催化层等多孔介质的重要物理因素。

文献中实验研究结果已经明确表明，组装压力对气体扩散层中物质传输的重要影响。气体扩散层的物理压缩直接降低了其扩散系数，因为组装压力降低了气体扩散层的孔隙率，而扩散系数是孔隙率的函数，从而导致更高的传质阻力[123]。由于气体扩散层是非均匀变形，即使在保持均匀组装压力的情况下，实验观察到了平面内方向上气体扩散层的非线性气体渗透率[111]。也有研究人员认为，非线性气体渗透率是由压缩导致非线性孔径减小和非线性孔隙率分布引起的，这表明 PEM 燃料电池组装过程中的夹持力会导致气体扩散层面内方向的孔隙率分布不均匀，这与 Zhou 等人[118]的结论相当吻合。Chang 等人[124]设计了一个更全面的实验来同时测量气体扩散层压缩后的厚度、透气性和孔隙率，实验观察到组装压力大小对非均匀变形以及气体扩散层中的传质阻力具有显著影响。

气体扩散层因组装压力而变形导致的非线性孔隙率分布是另一个重要特征。García-Salaberri 等人[116]通过非线性正交各向异性模型，研究了在不同组装压力下的肋宽、气体扩散层厚度和肋圆角半径影响下沿面内方向的非线性孔隙率分布，在该研究中，他们证明了变化的非线性孔隙率是一个重要参数。Shi 等人[122] 研究了非均匀压缩下的水管理与计算出的非线性孔隙率，结果相吻合，该研究表明，液态水的存在可能导致气体扩散层中孔隙率和渗透率的不均匀分布。

由于 PEM 燃料电池中物质传递过程的封闭性以及几何尺寸较小，其物质传递的原位诊断方法受到限制，因此目前建议将数值计算作为研究此类现象的有力工具，其传质现象的数值建模目的是预测反应物、产物和惰性物质的分布。为了数值预测装配条件下的 GDL 变形以及进一步对传质阻力的影响，Zhou 等人[110]、Taymaz 等人[112] 和 Zhou 等人[118] 开发了类似的模型来研究不同组装压力下的气体扩散层变形行为，他们认为，由组装压力引起的气体扩散层变形减少了物质传输的扩散路径，尤其是在高电流密度下。

在过去的数十年中，出现了大量关于没有组装效应的计算物质传递现象的研究[125-129]。为简单起见，这些数值研究假设气体扩散层具有均匀分布的孔隙率和各向均匀性，而没有考虑不同组装压力的真实气体扩散层压缩分布[79, 89]。然而，由组装压力引起的气体扩散层的物理特性在横截面中是不均匀分布的[111]，另一方面，组装压力对燃料电池性能有显著影响[118, 130]。因此，忽略组装效应并不能反映燃料电池堆的真实情况。目前认为，更真实的 PEM 燃料电池模型应该同时考虑由于组装过程不均匀压缩导致的气体扩散层非均匀变形和非均匀分布特性[131]。

孔隙率的非线性分布被认为是气体扩散层非均匀变形的直接反映。文献 [110]、文献 [112] 和文献 [132] 中仅提出了一些模型研究来解释气体扩散层变形以研究电池性能，但没有考虑气体扩散层中孔隙率的非线性分布。一些结果是在有限的条件下获得的，例如，通过格子玻尔兹曼方法（LBM）进行的均匀压缩和 2D 建模[123]，没有考虑气体扩散层变形和气体扩散层的非均匀孔隙率[131]。

将上述预测的气体扩散层孔隙率分布应用到 CFD 数值模型中，计算单通道电池的综合性能。如图 7-8 所示，在不同组装压力条件下，氧气扩散系数的分布与孔隙率的变化保持一致，在流道中部和肋角之间的过渡区域，观察到氧扩散系数非线性且急剧变化，而气体扩散层未压缩时具有几乎恒定的氧扩散系数（图 7-8a）。同时，与未压缩时相比，2MPa 组装压力（图 7-8b）的肋部上方出现的氧扩散系数降低大约 10 倍。之所以如此，是因为该线性孔隙率区域的孔隙率极低，这反映了孔隙率分布对 PEM 燃料电池气体扩散层中的扩散系数起着重要作用。

气体扩散层在未压缩和 2MPa 组装压力条件下，电池阴极的左半侧氧气摩尔分数截面分布如图 7-9 所示。可以发现无论是否有气体扩散层压缩，气流通道中氧气摩尔分数的分布相似；然而肋上方氧分布存在差异，特别是在远离通道的区域，2MPa 组装压力条件下氧摩尔分数只有 10.5%（图 7-9b），而未压缩时为 11.5%（图 7-9a），这表明组装压力除了会导致气体扩散层厚度减小外，还会增大通道向气体扩散层的氧传递阻力。

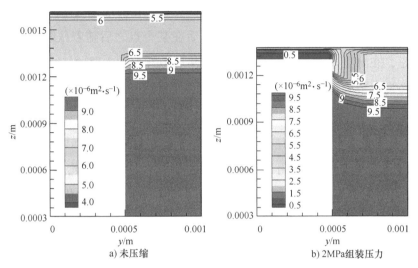

图 7-8　电池左半侧阴极气体扩散层氧气扩散系数截面分布（$x = 0.025m$）

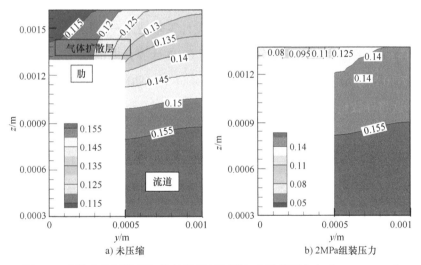

图 7-9　电池左半侧阴极气体扩散层氧气摩尔分数截面分布（$x = 0.025m$）

7.3　组装力对电池性能的影响

PEM 燃料电池性能与材料、几何形状和操作条件相关的许多参数有关。正如上文所述，存在组装压力时，气体扩散层变形、传质阻力、体电阻和接触电阻在 PEM 燃料电池性能方面起着重要作用。

许多研究集中在考虑组装压力条件下的最佳 PEM 燃料电池性能[118, 133, 134]。Lee 等人[133]测试了单电池中一系列螺栓扭矩，获得了最佳电池性能，结果表明，更高的扭矩导致更差的电池性能。Ge 等人[134]证明存在电池性能最大化的最佳气体扩散层压缩比，即电池 *I-V* 曲线首先随着压缩比的减小而增加，然后在某个点之后随着压缩比的增大而下降。需要指出的是，PEM 燃料电池运行时一定的组装压力是非常必要的，这是为了避免气体泄漏，可以避免发生危险情况。然而，过度压缩会降低气体扩散层的传质能力并导致电池性能下降[135]。另一方面，较高的组装压力有利于获得材料和材料层间的高导电性能，然而，如果单方面忽略界面电阻的影响，电池性能会随着组装压力的增加而降低，但是 Zhou 等人[136]发现如果考虑界面欧姆电阻，也存在一个最佳组装压力。因此，在组装压力条件下，考虑单电池或电池堆的气体扩散层压缩变形、接触电阻、体电阻和传质能力对提高综合性能是非常有必要的。

组装压力有利于获得更好的电池性能，但受到传质阻力增加的限制。一般来说，增加组装压力会增加气体扩散层的变形，从而导致孔隙率降低和传质阻力增加，但是，也会获得较低的体电阻和界面接触电阻。从实践的角度来看，除了为每个电池组件选择低电阻 / 离子电阻的基本要求外，确保电池堆低电阻的设计策略是另一个有吸引力的研究方向。

考虑气体扩散层孔隙率不均匀分布并进行 CFD 计算，电池催化层的局部交换电流密度分布如图 7-10 所示，可见在 3MPa 组装压力条件下，肋部以上区域的局部电流密度极低（图 7-10a），这将导致整体电池性能降低。

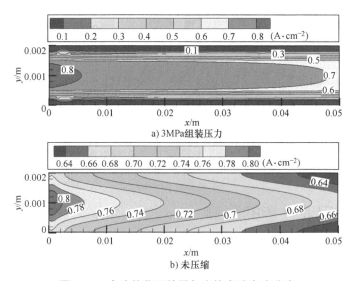

图 7-10　电池催化层的局部交换电流密度分布

不同组装压力导致孔隙率变化下电池电压和功率密度的比较，如图 7-11 所示，高电压时电池性能对电池的组装压力不敏感，此时电流密度 - 功率密度曲线变化非常小，几乎保持不变。对于较低电流密度的操作条件，即电池电压较高时，在反应位点预计会消耗较少的反应物。在相同的电池电压下，较高组装压力时，电流密度和功率密度会下降，可能因为 3MPa 组装压力条件时难以确保气体通过变形的气体扩散层从通道传输到反应位点上。由上述分析可知，在非零组装压力下，气体扩散层变形并侵入气流通道，气体扩散层孔隙率和厚度会降低，假设气体速度恒定，那么狭窄的气体流道横截面积会降低进入电池的气体量，因此运行的电池性能会降低。

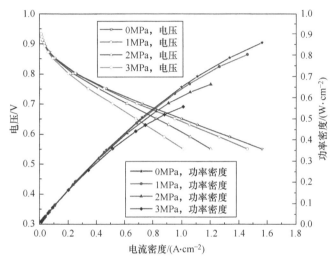

图 7-11　不同组装压力导致孔隙率变化下电池电压和功率密度的比较

　　综上所述，较高的组装压力会导致气体扩散层的厚度和孔隙率、气体流道的流动截面积、多孔介质中的氧扩散系数和电池性能均降低。研究发现，与气体流道流动截面积和气体扩散层厚度的减小相比，气体扩散层孔隙率的降低对电池性能降低起主导作用。当组装压力较高时，极低的氧扩散系数、氧浓度和局部电流密度出现在远离通道肋部上方的气体扩散层中。

　　通过考虑组装压力对气体扩散层厚度和孔隙率非均匀分布的影响，可为 PEM 燃料电池的设计和制造提供指导。为了获得较高的电池性能，组装压力应尽可能低，但必须确保电池组件之间的气密性。

　　此外，组装压力导致的气体扩散层压缩和变形还会影响电子的传输性能，进而影响气体扩散层电导率和气体扩散层与双极板之间的接触电阻，最终影响电池的输出性能，这一问题将在下一章讨论。

第8章

PEM 燃料电池内阻计算

正如图 3-15 所示，PEM 燃料电池不同的内阻，会得到不同的电池输出性能，一般内阻越小，欧姆损失越小，电池性能越好。内阻的典型值一般在 $0.1 \sim 0.2\,\Omega \cdot cm^2$ 之间，高于 $0.2\,\Omega \cdot cm^2$ 的内阻一般由电池材料选择不当、接触压力不足或膜严重干燥等因素造成。

8.1 内阻组成

PEM 燃料电池的内阻并非某单一电阻，而是指一系列在电池内部不同区域内所产生的各种电阻，这些电阻可以串联相加，包括电池内各种材料和组件的本体电阻，如双极板、气体扩散层、催化层和质子交换膜，也包括电池内不同层间的界面接触电阻，如双极板 / 气体扩散层、气体扩散层 / 催化层、催化层 / 膜的接触电阻等，图 8-1 为 PEM 燃料电池内阻结构分布示意图。

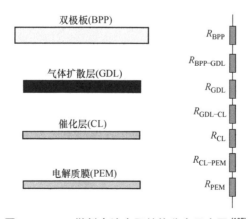

图8-1　PEM 燃料电池内阻结构分布示意图 [137]

由于 PEM 燃料电池产生的电流必须连续地流过所有电池内部区域，电池的总内阻为

$$R = R_{BPP} + R_{BPP-GDL} + R_{GDL} + R_{GDL-CL} + R_{CL} + R_{CL-PEM} + R_{PEM} \tag{8-1}$$

在 PEM 燃料电池中，双极板一般采用石墨板或不锈钢金属板，石墨的电阻率一般处于 $10^{-6}\Omega \cdot m$ 数量级，不锈钢的电阻率在 $10^{-5}\Omega \cdot m$ 数量级。质子传导电阻主要是催化层和质子交换膜的电阻，其余部分电阻均为电子传导电阻。

有研究表明，质子交换膜的电阻以及双极板与气体扩散层的接触电阻是 PEM 燃料电池的关键内阻，次要内阻还包括气体扩散层 / 催化层之间的接触电阻、催化层本体电阻以及催化层 / 膜之间的接触电阻[137]。

8.2 膜电阻

质子交换膜是靠水的渗透来传递质子，从宏观角度来看，其电阻与膜的含水量、温度和厚度密切相关。一般湿度越大，膜的含水量越高，内阻越小，反之亦然，这种变化关系近似呈指数关系。

从微观角度来看，质子交换膜的导电直接受膜内高分子化合物的链长及结构影响，其导电机理与膜的种类直接相关，在充分润湿的情况下，温度在 60 ~ 90℃范围内，其电导率为 $0.1\Omega^{-1} \cdot cm^{-1}$ 左右。

PEM 燃料电池的常见工作温度为 60 ~ 80℃，在内部不断产生水和对反应气体充分加湿的情况下，一般都认为质子交换膜能够充分润湿，因此膜的厚度便成为其电阻的最关键因素之一。例如，厚度为 25μm 的 Nafion 211，以 $0.1\Omega^{-1} \cdot cm^{-1}$ 的电导率计算，其面电阻为 $25m\Omega \cdot cm^2$ 左右。

8.3 双极板与气体扩散层的接触电阻

气体扩散层和双极板之间的界面处产生的电子接触电阻是欧姆电阻的重要组成部分[138]，在欧姆极化中有着非常重要的影响，占 PEM 燃料电池总内阻的 55% 左右。Chang 等人[124] 的研究表明，接触电阻被认为是导致极化损失的主要因素，这种接触电阻有时被认为比体电阻更重要，尤其是在组装压力条件下。因此，有效预测气体扩散层和双极板之间的接触电阻对优化燃料电池性能至关重要[115]。

双极板的"通道 / 肋"结构与气体扩散层的纤维材料接触[121, 139]，形成一系列平行接

触点，电流通过这些接触点完成流通，两者之间的接触电阻被认为是一个并联电路，如图 8-2 所示。根据这一假设，气体扩散层和双极板中的整个电阻分别由气体扩散层和双极板的体电阻 R_{GDL} 和 R_{BPP} 以及两者之间的界面接触电阻 $R_{BPP-GDL}$ 组成。

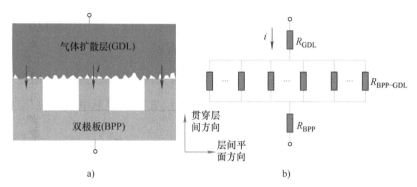

图 8-2　气体扩散层和双极板之间的接触界面并联的接触电阻示意图

接触电阻的测试方法一般采用《质子交换膜燃料电池　第 6 部分：双极板特性测试方法》（GB/T 20042.6—2011）给出的差值法，即在忽略双极板与气体扩散层的本体电阻的情况下，将"电极 - 气体扩散层 - 双极板 - 气体扩散层 - 电极"和"电极 - 气体扩散层 - 电极"两次测试的电阻相减，即可得出双极板与气体扩散层接触电阻。

接触电阻的理论预测方法包括 Greenwood-Williamson 模型[140]、Cooper-Mikic-Yova-novich 模型[141] 和 Majumdar-Tien 分形模型[142]。接触电阻通常不仅取决于接触层的材料特性[2]、表面处理[121] 和操作条件[138]，还取决于组装压力[143]，研究发现，气体扩散层压缩变形会降低接触电阻[111]，加速电子流过界面，Nitta 等人[105] 通过实验分析表明，组装压力大小对电池性能有显著影响。气体扩散层和双极板之间的接触电阻与组装压力的关系在文献 [138] 中进行了阐述，利用这种关系计算接触电阻[110]，可以获得最佳组装压力。

8.3.1　接触电阻数值模型

气体扩散层和双极板之间的接触电阻变化，以接触电阻 $R_{contact}$（$m\Omega \cdot cm^2$）表示为[115]

$$R_{contact} = 2.2163 + \frac{3.5306}{P_{contact}} \tag{8-2}$$

式中，$P_{contact}$ 是接触压力（MPa）。

由于双极板的"通道 / 肋"结构，受气体扩散层和双极板之间的接触面积与组装压力影响，组装面积不同，因此，在真正的 PEM 燃料电池堆或单电池中，接触压力与组装压力、组装面积和电池接触面积的关系为[112]

$$P_{\text{Assembly}} A_{\text{Assembly}} = P_{\text{contact}} A_{\text{contact}} \qquad (8\text{-}3)$$

式中，P_{Assembly}、A_{Assembly} 和 A_{contact} 分别表示组装压力、组装面积和接触面积。

气体扩散层和双极板之间的接触电阻（$\text{m}\Omega \cdot \text{cm}^2$）可表示为

$$R_{\text{BPP-GDL}} = 2.2163 + \frac{3.5306 A_{\text{contact}}}{P_{\text{Assembly}} A_{\text{Assembly}}} \qquad (8\text{-}4)$$

在本章的接触电阻模型中，考虑了气体扩散层侵入气体通道和气体扩散层厚度的减小，但忽略气体扩散层和双极板之间的接触面积 A_{contact} 因组装压力导致侵入引起的小幅度增加。

8.3.2　预测接触电阻

应用上述方程，可预测组装压力条件下气体扩散层和双极板之间的接触电阻，理论结果和实验结果对比如图 8-3 所示。结果表明，由 Mishra 等人[121] 测量的接触电阻与理论值拟合完美，组装压力降低了接触电阻，这支持了随着组装压力的增加，气体扩散层和双极板之间接触更好的事实。还可以发现，当压力条件低于 1.0MPa 时，随着组装压力的增加，接触电阻急剧下降；当压力条件大于 1.0MPa 时，组装压力增加会导致接触电阻的小幅度下降；但是，在较高的组装压力条件下，接触电阻保持相对恒定，这是因为气体扩散层和双极板之间的最大接触是在一定压力下达到的。

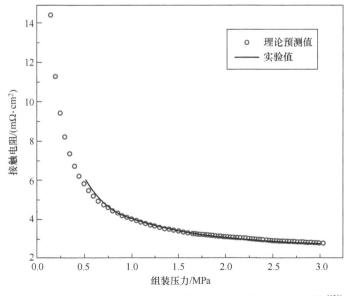

图 8-3　气体扩散层和双极板之间的理论和实验接触电阻比较 [121]

8.4　体电阻

式（8-1）中所列 R_{BPP}、R_{GDL}、R_{CL}、R_{PEM} 均属于体电阻，除了膜的质子电阻 R_{PEM} 与含水量有关外，其他体电阻均与电子传导有关。

体电阻可以用实验办法测量，比如在线测试单电池时测量电池的内阻，或半电池在静态条件下进行欧姆法测量，但是欧姆法测量与实际电池运行过程中的电子流动有较大差别，主要区别包括：

1）电池运行时电子流动方向是从阳极催化层经过阳极气体扩散层、阳极双极板，再流向阴极的双极板、气体扩散层和催化层，而欧姆法只能采用半电池（膜不导电子，因此不包括膜）测量单向电子流动。

2）催化层内反应气体分布不均匀导致电子分布不均匀，而欧姆法无法实现测量催化层上不均匀的电子密度场。

8.4.1　电荷传输驱动力

在 PEM 燃料电池中，质子和电子在阳极积累，而质子和电子在阴极消耗，两个电极上电子的积累/消耗会产生电压梯度，从而驱动电子从阳极传输到阴极。在电解质中，质子的积累/消耗会产生电压梯度和浓度梯度，然后这些耦合梯度驱动质子从阳极到阴极的传输。

在金属电极中，只有电压梯度驱动电子电荷传输。然而，在电解质中，浓度（化学势）梯度和电压（电势）梯度都驱动离子传输。那么这两种驱动力中哪一种更重要？在几乎所有情况下，电驱动力都支配着燃料电池的离子传输，换句话说，积累/消耗质子的电效应对于电荷传输来说远比积累/消耗质子的化学浓度效应更重要。

电荷传输由电驱动力主导，可表示为

$$j = \sigma \frac{dV}{dx} \tag{8-5}$$

式中，j 表示电荷通量（不是摩尔通量）；dV/dx 是为电荷传输提供驱动力的电场；σ 是电导率，表示材料响应电场允许电荷流动的倾向。

然而，电荷/电子传输不是一个无损过程，需要付出代价。对于 PEM 燃料电池，电荷传输的代价是电池电压的损失，为什么电荷传输会导致电压损失？这是因为燃料电池电子导体并不完美——它们对电荷流动具有内在阻力。

考虑如图 8-4 所示的均匀导体，该导体具有恒定的横截面积 A、长度 L 和电导率 σ，将电荷传输方程式（8-5）应用于此导体，则得到

$$j = \sigma \frac{V}{L} \tag{8-6}$$

求解 V，得到

$$V = j \frac{L}{\sigma} \tag{8-7}$$

此方程类似于欧姆定律：$V = iR$。事实上，由于电荷通量（电流密度）和电流由 $i = jA$ 相关，所以可以将式（8-7）改写为

$$V = i \frac{L}{A\sigma} = iR \tag{8-8}$$

其中，将量 $L/(A\sigma)$ 确定为导体的电阻 R，即

$$R = \frac{L}{A\sigma} \tag{8-9}$$

式（8-8）中的电压 V 表示必须施加的电压，以便以给定 i 的速率传输电荷。因此，这个电压代表一种损失，是为了完成电荷传输而消耗或牺牲的电压。这种电压损失是由于导体对电荷传输的内在阻力而产生的，即由电阻率 $1/\sigma$ 导致。因为这种电压损失遵循欧姆定律，所以我们称其为"欧姆损失"。

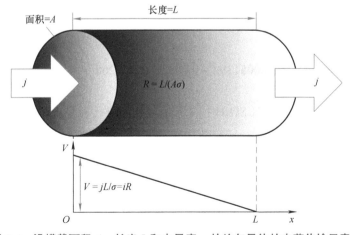

图 8-4　沿横截面积 A、长度 L 和电导率 σ 的均匀导体的电荷传输示意图

8.4.2　体电阻数值模型

考虑到 PEM 燃料电池的特殊结构，用数值仿真的方法预测电池体电阻，可避免上述欧姆法测量存在的两个问题。以 OpenFOAM 为平台的体电阻数值模型，具体如下：

（1）数值方法　通过气体扩散层、催化层和双极板的电子转移和通过膜的质子转移的控制方程可以通过拉普拉斯方程[144]表示

$$\nabla \cdot (\sigma \nabla \varphi) = 0 \tag{8-10}$$

式中，φ 是电位；电子或质子的电导率 σ 是其电阻率 ρ_e 的倒数

$$\sigma = \frac{1}{\rho_e} \tag{8-11}$$

根据欧姆定律[78]，电池组件中的局部电流密度 i 与电导率 σ 有关，定义为

$$i = -\sigma \nabla \varphi \tag{8-12}$$

体电阻由基于欧姆定律的平均电流密度函数[78]预测得到

$$R_e = \frac{|\varphi_{max} - \varphi_{min}|}{\bar{i}} \tag{8-13}$$

式中，$\bar{i}$ 是平均电流密度；φ_{max} 和 φ_{min} 分别是电池组件中出现的最大和最小电位，例如在双极板和膜两侧的边界上分别设置 0V 和 1V 的恒定电位。

上述电阻模型中，贯穿（垂直）功能层平面方向的电导率决定了电阻模型中电子的流动，此模型不仅可考虑气体扩散层变形的几何形状、变形导致的电子特性（即压缩变形的电导率），还可考虑膜中质子电导率（$S \cdot cm^{-1}$）受局部温度和含水量的影响，即此模型考虑了这些参数之间的相关性[2]

$$\sigma_{mem} = (0.005139\lambda - 0.00326)\exp\left[1268\left(\frac{1}{303} - \frac{1}{T}\right)\right] \tag{8-14}$$

式中，λ 是含水量 $[N(H_2O)/N(SO_3H)]$；T 是局部温度（K）。有研究提出，Nafion 类膜材料可能存在几种可能的离子转移方式[2]，即水合氢离子通过载体机制在低含水量（$\lambda=2\sim4$）、部分水合（$\lambda=5\sim14$）、完全水合（$\lambda>14$）的膜上移动。在该体电阻数值模型中，可选择含水量 $\lambda=10$ 和温度 $T=353K$，采用式（8-14）来预测膜的质子电导率。

（2）几何模型、参数设置和边界条件　典型 PEM 燃料电池一般是以膜为对称面的对称结构，且电子和质子在 PEM 燃料电池的阳极催化层中释放，因此可选择半电池建模，即包括阳极侧和膜，如图 8-5 所示，模型包括阳极双极板、气体扩散层、催化层和半尺寸膜。

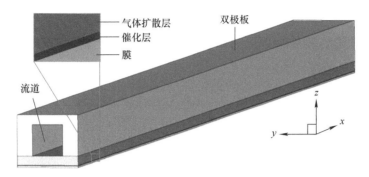

图 8-5　体电阻模型几何示意图

体电阻数值模型中的物理参数见表 8-1。

表 8-1　体电阻数值模型的物理参数

物理参数和符号	数值和单位	参考文献
气体扩散层电导率，σ	$1250 S \cdot m^{-1}$	[112]
催化层电导率，σ	$100 S \cdot m^{-1}$	[132]
双极板电导率，σ	$2.22 \times 10^4 S \cdot m^{-1}$	[112]
膜中含水量，λ	10	[2]

将拉普拉斯方程中膜处的边界条件设置为梯度电位，该梯度电位是局部电导率的函数[78]

$$\nabla \varphi = -\frac{i_{cell}}{\sigma} \qquad (8-15)$$

式中，电流密度 $i_{cell}= 0.7 A \cdot cm^{-2}$ 作为恒定电流源，施加在膜的外平面上，阳极双极板的上表面设置参考电位值为零[78]，其他边界设置为对称边界条件。

（3）模型验证　模型验证可以确保 OpenFOAM 上开发的体电阻数值模型的准确性和科学性，采用理论方法验证体电阻模型的科学性。根据普依埃定律（Pouillet's law）、欧姆定律（Ohm's law）和式（8-9），理论电阻为

$$R_e = \frac{l}{\overline{\sigma} A} \qquad (8-16)$$

$$i = \frac{\Delta \varphi}{R_e} \qquad (8-17)$$

式中，l 和 A 分别表示导体的长度和横截面积；$\overline{\sigma}$ 是平均电导率；φ 是膜和双极板之间的最大电位差。

理论验证采用长方体几何 A（1cm × 1cm × 2cm）和 B（2cm × 2cm × 1cm），为了方便理论计算，长方体两端分别施加 0V 和 1V 的恒定电位值，以计算长方体 A 和 B 的理论电阻。

比较体电阻模型的数值计算结果和理论预测结果，如图 8-6 所示，不同电导率电阻模型的数值结果和理论结果吻合较好，得到了相对准确的电导率和电流密度，因此体电阻数值模型得到了科学性验证。

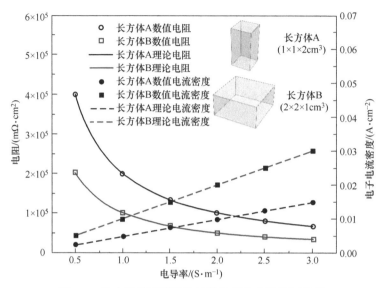

图 8-6　体电阻模型的数值计算结果和理论预测结果

8.4.3　电荷传导

欧姆电阻是组装条件下选择组装压力和优化电池性能的另一个重要特性，电导率是表征 PEM 燃料电池中电子/质子传输性能的最重要参数之一。研究表明，由组装压力引起气体扩散层压缩的结果是气体扩散层的电导率（其电阻率的倒数）增加[111]。Escribano 等人[108] 研究了气体扩散层变形对电阻的影响，结果是气体扩散层在组装条件下由于肋下方孔隙的损失而使电阻下降[112]。此外，Tanaka 等人[143] 进行了数值和实验研究，当电池在不同的组装压力下运行时，观察到贯穿电池方向的电阻存在显著差异。Hamour 等人[145] 通过实验研究了电池在组装条件下运行时，电阻和气体扩散层之间的关系。Taymaz 等人[112] 建议，当需要燃料电池达到最佳性能时，最佳组装压力为 0.5MPa 或 1MPa。

利用 PEM 燃料电池气体扩散层压缩模型，可以获得不同组装压力条件下气体扩散层电导率的横截面分布，如图 8-7 所示。结果表明，在施加组装压力的情况下，肋上方气体扩散层的电导率降低，表现出分布不均匀的特征，即在气体扩散层的通道和肋之间拐角处存在非线性分布区域（图 8-7 灰色区域），而流道中心上方的电导率保持恒定不变，这与气体扩散层的挤压变形幅度保持一致。

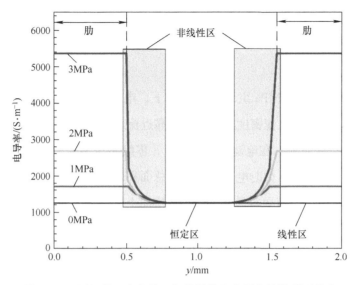

图 8-7　不同组装压力条件下气体扩散层电导率的横截面分布

电场，又称静电场，由反应位点流向外部电路的电荷/电流引起。通常当 PEM 燃料电池在稳定状态下运行时，电场不随时间变化，因为电荷/电流保持恒定的大小和方向流动。未压缩和 2MPa 组装压力条件下的电场流线截面示意图如图 8-8 所示，流线和箭头表示从电流源（即膜界面）到较低电位区（即双极板端面）的电流方向，而流线疏密程度则反映了局部电子集中的程度。

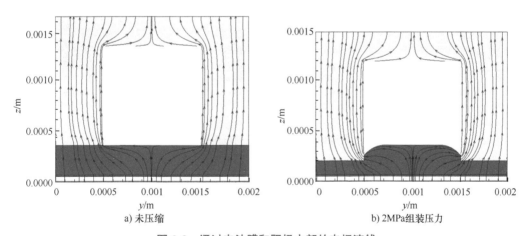

a) 未压缩　　　　　　　　　　　　　　b) 2MPa组装压力

图 8-8　通过电池膜和阳极中部的电场流线

在正常情况下，催化层的电子电流会垂直于电池功能层向双极板方向流动，可以发现，通道下方的电流从气体扩散层中部流向双极板肋的距离更长。换句话说，因为双极板"流道/肋"的特殊结构，电子流动发生了重排。因此，靠近流道双极板拐角处的电场比较集中，尤其是在组装压力为 2MPa 的情况下更为集中，原因是气体扩散层挤压变形使部分气体扩散层挤压侵入流道并与双极板垂直面接触，结果是气体扩散层与双极板在拐角处接触面积增大，部分电流从侵入通道下方的气体扩散层沿电池宽度方向回流向双极板肋，造成更多的电子流动集中。

在未压缩（0MPa）和2MPa组装压力条件下，电池截面的局部电子电流密度分别如图8-9所示，很明显，电子电流密度集中出现在靠近流道与双极板的拐角处，最高值的分布因不同的组装压力条件而异。在电池宽度方向上，零组装压力时电子电流集中总面积更大、横向更宽，但是2MPa组装压力时电子电流集中总面积较小、但纵向更高。之所以如此，是因为零组装压力时，电子电流更容易从气体扩散层向上流动到拐角处的双极板肋导体中，而后者更容易从挤入流道内的气体扩散层向肋横向流动。从电子电流密度集中的面积大小看，具有较大接触面积的2MPa组装压力条件时，电子电流更集中，更有利于电子传导。

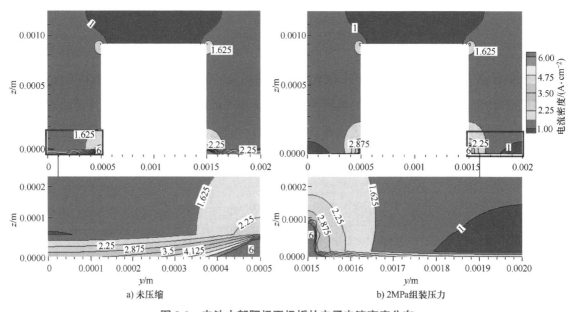

图8-9　电池中部阳极双极板的电子电流密度分布

8.5　其他接触电阻

在PEM燃料电池中，除了上述关键内阻外，还有催化层/气体扩散层接触电阻、扩散层/膜接触电阻，它们占燃料电池总内阻的比例不大，大约为10%，因此并非关键部分，但是不能忽略，这些电阻总和可由燃料电池总内阻减去上述体电阻、双极板/气体扩散层接触电阻得出。另外，由PEM燃料电池的结构和工作原理可知，催化层内部既有质子传导，也有电子传导，故催化层电阻是电子电阻和离子电阻的总和，与之相关的接触电阻也与电子和质子混合传导有关。由于导电机理复杂，实验测试方法不成熟，已发表的文献尚未对该部分电阻研究透彻。

8.6 内阻对电池性能的影响

考虑组装压力条件因素，电池的体电阻以及气体扩散层和双极板之间的接触电阻性能如图 8-10 所示，正如预期的那样，体电阻随着组装压力的增加而降低，而体电阻和接触电阻这两种电阻的总和也观察到类似的趋势特点。

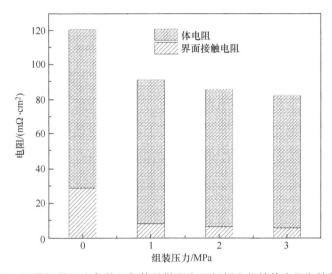

图 8-10　不同组装压力条件下气体扩散层和双极板之间的体电阻和接触电阻

与上述体电阻数值模型预测的体电阻相比，气体扩散层和双极板之间的接触电阻相对较小，说明体电阻在电池中起主导作用，比如在 0MPa 的组装压力条件下，电池的体电阻占总电池电阻的 76%，但在较高组装压力 3MPa 条件下时，这一比例达到 92.7%。另一方面，说明在考虑组装压力时，不应忽视气体扩散层和双极板之间的接触电阻。

根据不同组装压力条件下如图 8-10 所示的电池总电阻（考虑体电阻、气体扩散层和双极板之间的接触电阻），模拟计算获得电池性能，如图 8-11 所示。可以发现，在电池工作电压较高（电流密度较小）时，电池性能对组装压力和总电阻不敏感，可能是因为高电压时反应位点消耗的反应物较少。然而，在 1MPa 组装压力条件下运行的电池与其他组装条件相比，表现出最佳的电池性能，之后电池性能随着组装压力的增加而变差，在前人研究 [110] 中也观察到了类似的现象。

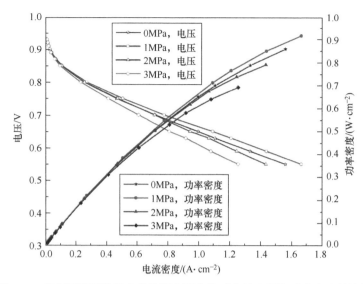

图 8-11　考虑不同组装压力条件下电阻变化时电池电压和功率密度的比较

　　然而，对比上一章的结果，电池在非零组装压力条件下运行时性能会降低，即由于组装压力形成气体扩散层变形而导致孔隙率降低、气体流道横截面积缩小，传质阻力增大，组装压力会导致更差的电池性能。从这个意义上讲，当电池在适当的组装压力下运行时，优化的电导率可以适当克服传质阻力所造成的电池性能损失。

第9章

燃料电池应用

燃料电池产生的电力功率在数瓦到数百千瓦之间，可用于需要发电的所有应用中，具有极大的供电灵活性，比如乘用车、公共汽车、多功能车、摩托车、自行车和潜艇等设备，也适用于家庭、楼宇或社区的分布式发电。在某些情况下，可以综合利用燃料电池产生的电力和热量，从而实现非常高的综合效率。如果用作备用发电机，燃料电池与内燃机发电机（噪声、燃料、可靠性、维护）或电池（重量、寿命、维护）相比具有更多优势，小型燃料电池用于便携式电源也很有吸引力。

上述应用中，燃料电池系统的设计不一定相同。相反，除了功率输出，每一种应用都有其特定的效率、水平衡、热利用、快速启动、长休眠、尺寸、重量和燃料供应等要求。

21 世纪，由于氢能在绿色环保方面独特的吸引力，燃料电池在汽车、分布式发电、备用电源、便携式电源、航空航天、船舶、水下航行器等民用与军用领域展现了广阔的应用前景，并已经得到部分开发与验证，如图 9-1 所示，其主要有固定电源、交通运输和便携式电源三大应用场景。

图 9-1　燃料电池的应用

9.1 汽车动力

9.1.1 乘用车

燃料电池的应用中最具有前景的领域是乘用车行业，通常认为氢气是车用燃料电池的主要燃料。汽车燃料电池技术发展的主要动力是这类车辆的效率、低排放或零排放等优势。与可充放电汽车相比，燃料电池汽车可携带燃料更多、续驶里程更长，甚至超过传统内燃机汽车，因此燃料电池有望在未来取代传统的蓄电池成为纯电动汽车的动力来源。其中，汽车燃料电池商业化的关键是燃料电池的成本以及氢气的成本和可用性。

（1）配置　燃料电池可以通过多种方式连接到汽车动力系统，包括：

1）燃料电池可提供运行车辆所需的所有动力。这种配置通常仅适用于直接氢燃料电池系统，可能的蓄电池仅用于启动（例如 12V 电池）作用，但是小型电池不足以启动带有燃料处理器的系统。

2）燃料电池仅提供车辆的基本负载需要。这种配置是常见的并联混合配置，因为燃料电池和蓄电池并联运行，燃料电池提供车辆巡航功率，而蓄电池提供峰值功率（例如用于加速）。系统中蓄电池的存在使车辆对负载变化的响应更快，车辆无须预热燃料电池系统即可启动，并作为纯电动车辆运行，直到燃料电池系统开始运行。蓄电池还可以回收车辆的制动能量，从而形成更高效的系统，但是使用蓄电池的缺点是需要额外的成本、重量和体积。

3）燃料电池仅用于为蓄电池充电。蓄电池提供运行车辆所需的所有电力，又称串联混合配置（燃料电池为蓄电池充电，蓄电池驱动电动机）。燃料电池额定输出功率取决于蓄电池充电的速度，如果蓄电池必须更快地充电，则需要配置更大功率的燃料电池。

4）燃料电池仅作为辅助动力装置。即使用另一台发动机为车辆提供动力，但燃料电池用于整车电气系统。这种配置可能特别适用于货车，因为它允许在车辆不移动且无须运行主发动机的情况下运行空调或制冷装置。

（2）排放　氢燃料电池汽车不会产生任何污染，唯一的副产品是纯水，根据操作条件（温度和压力）和系统配置，水会以液体或蒸汽的形式离开系统。燃料电池推进系统产生的水量与内燃机产生的水量相当，一般来说，如果氢气是由化石燃料生产，无论氢气的产生是在炼油厂、加氢站还是在车辆上，则应考虑该过程产生的排放（特别是 CO_2 排放）。一般而言，燃料电池汽车产生的温室气体排放量明显低于同等功率的汽油、柴油或甲醇动力内燃机汽车。

（3）成本　与燃料电池相比，汽车发动机相对复杂，但相对便宜（每千瓦 35 ~ 50 美元），主要是因为每年生产数百万辆汽车和发动机，在制造过程中采用了大规模流水线生产技术。燃料电池作为一种不成熟的技术在低产量水平上制造，比内燃机昂贵得多。然而研究表明，假设应用大规模生产制造技术，燃料电池的生产成本一定会具有竞争力。

造成燃料电池汽车高成本的主要因素是催化剂（一般为贵金属，如 Pt 或 Pt 合金）和离聚物膜，PEM 燃料电池中的铂负载量约为 $0.3mg \cdot cm^{-2}$，假设功率密度为 $0.7W \cdot cm^{-2}$（例如 0.7V 和 $1A \cdot cm^{-2}$），对应于 $0.43mg \cdot W^{-1}$ 或 $0.43g \cdot kW^{-1}$，根据铂金的市场价格每盎司⊖1500 美元或每克 50 美元，相当于大约每千瓦 21.5 美元，占燃料电池系统总成本的很大一部分。

（4）燃料　汽车燃料电池系统配置很大程度上取决于燃料的选择，其可能的燃料是氢气、汽油或甲醇，每种燃料都有自己的优点和缺点。燃料的选择一般取决于以下几个因素：

1）燃料供应基础设施和建立新基础设施的成本。

2）单位能量的燃料成本。

3）环境影响，即汽车排放的影响。

4）车载存储和处理的复杂性和成本。

5）安全性。

6）国家能源政策。

缺乏氢气基础设施是普及燃料电池汽车的最大障碍，因为建立氢气基础设施（氢生产和分配）需要大量资金。美国、日本和德国已经有数百个加氢站，比如，加州的加氢站网络，可以部署氢燃料汽车，德国宣布建立加氢站网络计划，这些设施是部署和商业化氢燃料汽车的必要条件。

通过天然气生产氢气，无论是在中央设施还是在加氢站，一般都比汽油便宜。天然气的批发价为汽油零售价的 1/4 ~ 1/3，所以 70% ~ 80% 氢气效率具有很好的成本优势。以纯氢为燃料的燃料电池系统相对简单，性能最好，运行效率更高，电堆寿命最长。

乘用车使用氢气的最大问题之一是车载存储，氢气以压缩气体、低温液体或金属氢化物的形式存储，不同存储方式的特点如下：

1）压缩气态氢气罐体积庞大，即使氢气被压缩到车辆氢气罐的标准 700bar，储存 1kg 氢气也需要大约 26L 的空间。一般燃油车辆载有 40 ~ 60L 汽油，假设氢燃料电池汽车的效率是汽油车的 2 倍，因此氢燃料电池汽车至少要储存 5kg 的氢气，需要大约 130L 的空间，

⊖　1 盎司 =28.3495g。

比目前的汽油箱大几倍。

2）液氢罐的体积与 700 bar 压缩氢气罐的体积大致相同（1kg 氢气约 30L），但液氢是一种低温燃料（20K），处理和使用方面具有重大挑战。氢液化是一个能源密集型过程，需要的能量相当于液化氢较高热值的 30%（而氢气压缩到 700bar 所消耗的能量相当于压缩氢气较高热值的 12%），因此比压缩氢更昂贵。此外，在 20K 低温下储存液氢会导致显著的蒸发损失，绝缘良好的大容量液态氢容器（例如 NASA 开发的）通常每天的损失率低于 0.1%，而现代汽车液氢罐可实现 $22MJ \cdot kg^{-1}$ 的能量密度和每天约 1% 的蒸发率。

汽车上储存氢气的难度以及氢气基础设施的缺乏，迫使汽车制造商考虑为燃料电池提供其他更方便的燃料，因此燃料电池系统必须与燃料处理器集成。然而，汽油并不是一种易于改造的燃料，因此考虑汽油替代且相对容易重整的燃料，例如加氢处理石脑油、加氢裂化油、烷基化物 / 异构体，或由天然气产生的液体燃料甲醇。然而，将燃料处理器与燃料电池系统集成存在许多工程问题：

1）带有车载燃料处理器的车辆不是零排放车辆。

2）车载重整降低了推进系统的效率，重整器的效率通常为 80% ~ 90%（燃料制氢）。使用稀释的氢气会降低燃料电池电压，这直接影响燃料电池的效率。此外，稀释氢的燃料利用率要低很多，这进一步降低了系统效率。

3）车载重整增加了整个推进系统的复杂性、尺寸、重量和成本。

4）从启动到升温至工作温度，燃料处理器需要一定时间来开始生产氢气。在混合配置中可以避免这个问题，因为蓄电池可以在燃料处理器预热期间提供电力。

5）在高动态操作中控制相对较小的重整装置，同时很难始终保持氢气的高纯度。重整器是一系列化学反应器，每个反应器都在相对较窄的操作温度窗口内操作，由于尺寸相对较小，整个系统对因燃料输入突然变化等干扰引起的温度变化非常敏感。因此，在这些转变过程中，很难将 CO 浓度保持在燃料电池安全的低水平。

6）燃料杂质对重整器寿命和重整器副产物对燃料电池寿命的长期影响目前尚不明晰。

因此，由于液态碳氢燃料车载重整存在上述这些问题，汽车公司已经放弃了车载重整的想法，并专注于将氢燃料电池汽车推向市场。

（5）寿命　燃油车辆的平均寿命为 10 ~ 12 年，但实际运行时间为 30000 ~ 50000h，预计用于汽车应用的燃料电池还达不到相似的寿命。迄今为止，有限的实验室测试已证实 PEM 燃料电池可以连续运行 5000h，但在功率变化很大的情况下运行、多次启动和关闭、在各种环境条件下运行、燃料和空气中的杂质等可能会对燃料电池的使用寿命产生显著影响。

9.1.2　公共汽车

应用于城市交通的公共汽车，是早期引入燃料电池技术和最早可能市场扩大化的车辆类型。上述讨论关于乘用车的大多数问题也适用于公共汽车中的燃料电池应用，主要区别在于储氢和加氢地点的不同。

公共汽车比乘用车需要更大的功率，通常为150kW或更大，要求频繁起动和停止。尽管如此，公共汽车燃料电池系统的平均燃油经济性比柴油发动机的平均燃油经济性高出15%左右。一般公共汽车几乎总是在车队中运营，并在中央设施中补充燃料，这使加注氢燃料更加容易。燃料电池公共汽车通常将氢气储存在位于车顶的350bar复合压缩气瓶中，由于公共汽车上的可用空间较大，因此不需要使用700bar的储气罐。

氢燃料电池客车与竞争对手柴油客车相比，具有最主要的优势是零排放，这在污染严重、人口稠密的城市中尤为重要。当氢气由清洁的可再生能源生产时，燃料电池公共汽车可以为大城市的清洁空气做出重大贡献。

燃料电池客车商业化的主要障碍是燃料电池成本和耐用性。由于制造数量较少，客车发动机每千瓦的成本略高于乘用车发动机的成本，预期寿命也更长，因为一辆城市客车每年运行时间可能超过6000h，加之高度间歇性运行以及多次起动和停止的要求，对当前燃料电池耐久性技术提出了挑战。

9.1.3　多功能车

工业物料搬运车辆、机场地面支持拖车、机场人员搬运车、高尔夫球车、草坪维护车等类似多功能车可能是燃料电池技术的另一个早期应用车型，这些多功能车不像乘用车或公共汽车那样要求苛刻。

燃料电池动力多功能车的早期演示表明，此类车辆的运营成本更低、维护更少、停机时间更短、续驶里程更长。

燃料电池物料搬运车，包括叉车、托盘搬运车和拣货机等，已经在数十个仓库、配送中心和制造工厂中使用。与多功能蓄电池物料搬运车一样，PEM氢燃料电池的副产物是水和热，在使用过程中不会排放任何有害的空气污染物，因此适合室内使用。然而，与蓄电池不同的是，燃料电池可以快速补充燃料，通过消除与蓄电池更换相关的时间和成本来提高生产力。氢燃料电池叉车平均可在2~3min内加满燃料，一次加满即可运行8h以上。

9.1.4　应用现状

综上所述，车辆运载工具携带氢气具有高危险性，一定程度上限制了燃料电池汽车的应用，主要存在运输和存储技术等瓶颈问题。现行较为广泛的储存方式为低温液态储存和压缩气体储存，该类方式带来了额外的能源消耗、安全和空间要求，并增加了燃料成本。因此，目前氢燃料电池汽车相比传统内燃机汽车的竞争力较为有限[146]。日本丰田公司已经开发出 Mirai 氢燃料电池乘用车，如图 9-2 所示，于 2022 年在中国上市。

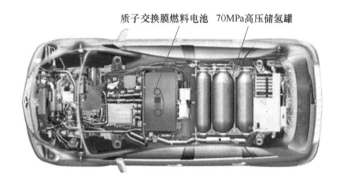

图 9-2　日本丰田 Mirai 氢燃料电池乘用车

考虑到上述技术难点，甲醇燃料电池一定程度上也被考虑作为氢燃料电池的有力替代品。该类燃料电池的技术优势是高电流密度和良好的环境适应能力，符合车用动力装置的技术要求。尽管直接甲醇燃料电池汽车具备诸多技术优势，但依然存在未反应甲醇从阳极渗透至阴极并发生内反应，从而影响甲醇燃料电池的电压效率的问题[146]。

目前，燃料电池在重型车辆、特种车辆（比如叉车）上得到了应用。美国和欧洲的高速公路运输管理机构已推出燃料电池重型汽车，大部分采用 PEM 燃料电池或 DMFC。此外，PAFC 也在客车领域得以应用。目前，世界第一辆燃料电池客车已被应用于加拿大的温哥华市，该试验车型所应用的 PEM 燃料电池，由加拿大的 Ballard 电力系统公司开发。燃料电池客车应用于市区，可有效缓解环境污染，显著降低噪声水平，是应对降低排放的发展趋势[147]。

我国早在 20 世纪 50 年代就开展了燃料电池的研究。目前，国内研制民用 PEM 燃料电池的热情很高，主要研制单位包括中国科学院大连化学物理研究所、武汉理工大学、上海神力科技有限公司、清华大学、上海交通大学、同济大学等二十多家高校和科研院所。在国家 863 计划及各省市科技攻关项目的支持下，我国燃料电池的研发能力取得了长足的进步，特别是 PEM 燃料电池膜技术和催化技术方面进步突出，其中武汉理工大学潘牧教授课题组开发出了"三合一"MEA 技术，极大促进了极化电位的降低，之后开发了燃料电池乘用车、客车、叉车等示范运营车辆。我国车用燃料电池堆技术已处在较高水平，且基本掌握了燃料电池本体电堆的关键材料及关键技术。中国科学院大连化学物理研究所研制出50kW、100kW级车用燃料电池模块，上海神力公司研制出100kW大型客车燃料电池发动机等，武汉理工大学成功研制了1～50kW级系列燃料电池模块并成功装备"楚天1号"燃料电池电动乘用车和"楚天2号"燃料电池轻型客车。截至2020年，与国外相比，我国燃料电池在汽车行业中的技术现状见表9-1。

表9-1　国内外燃料电池在汽车行业中的技术现状对比 [6]

车型	技术指标	中国	国外
燃料电池乘用车	0—100km·h^{-1}加速时间/s	10～15	10～15
	最高车速/km·h^{-1}	150～170	150～170
	输出功率/kW	55	80～100
燃料电池客车	0—50km·h^{-1}加速时间/s	20	20
	车速≤80km·h^{-1}续驶里程/km	250～400	250～400

可见，在燃料电池乘用车方面，我国燃料电池的动力性、续驶里程等基本性能指标跟国外的相关研究和应用技术无明显差异，由于我国在电机转矩输出能力和发动机自身的功率输出能力方面跟国外水平相比存在较大差距，我国的燃料电池乘用车发动机自身输出功率为55kW，但是国外则可以高达80～100kW，存在明显的差距。然而，在燃料电池客车方面，当前我国的燃料电池客车的最高车速、基本动力性能以及加速时间跟国际先进水平相比无明显差异。

2017年是中国燃料电池产业化元年，燃料电池汽车产量达到1247辆。2025年，中国燃料电池的技术性能和成本指标有望分别达到产业化发展的初期阶段，而到2030年，中国燃料电池堆的成本有望降低到200元/kW，从而开始迎来燃料电池的大规模产业化发展阶段。

截至2020年底，我国燃料电池汽车累计推广近8000辆，投入运营加氢站101座，走在全球前列。目前我国燃料电池汽车尚处于产业发展初期，市场规模还比较小，与纯电动汽车早期市场特征相似，车型结构以公交车和物流车为主。2020年我国燃料电池汽车销量为1497辆，其中，燃料电池专用车销量146辆，占比9.7%[148]。产业指导纲领性政策文件《新能源汽车产业发展规划（2021—2035年）》提出，力争经过15年，燃料电池汽车实现商业化应用，氢燃料供给体系建设稳步推进。

此外，截至目前，先进的混合动力汽车（HEV）技术得到极大发展，燃料电池与内燃机并行运行以驱动负载成为可能[149]。总之，由于燃料电池高能量密度与蓄电池电动汽车一体化的优势，可预见燃料电池混合动力汽车将会得到更广泛的应用。

9.2 固定电源

燃料电池固定发电驱动因素是更高的效率和更低的排放，与汽车燃料电池主要区别在于燃料选择、功率调节和散热。对于固定式燃料电池电源系统，可接受的噪声水平较低，特别是如果该装置要安装在室内时噪声要求更为苛刻，当然，燃料电池本身不会产生任何噪声，噪声可能来自空气流动和流体处理设备。燃料电池固定系统的启动不受时间限制，除非该系统作为备用或应急发电机运行，另外，预计可运行 40000 ~ 80000h（5 ~ 10 年）。

固定式燃料电池电力系统将实现分布式发电的概念，使公用发电设施随着需求的增加而增加装机容量，而不是通过增加巨大的发电厂来预测巨大的需求增量。目前，燃料电池不需要特别许可，几乎可以安装在住宅区内的任何地方，甚至住宅内。对于最终用户，燃料电池可提供可靠性、能源独立性的绿色电力，并最终降低能源成本。

9.2.1 固定式燃料电池系统分类

（1）应用和电网连接　固定式燃料电池可用于多种应用：

1）作为唯一的电源，与电网竞争或替代电网，或在电网未覆盖的地区提供电力。

2）作为与电网并联工作的补充电源，覆盖基本负载或峰值负载。

3）在具有间歇性可再生能源（如光伏或风力发电）的组合系统中，在这些能源无法满足需求的时间段发电。

4）在电网（或任何其他主要电源）停机时作为备用或应急发电机供电。

因此，作为固定式燃料电池系统，特别是其功率调节和互联模块，可以设计为：

1）网格平行。在需要时允许从电网向消费者供电，但不允许从燃料电池向电网供电。燃料电池系统的大小可以满足大多数消费者的能源需求，但电网用于覆盖短期需求高峰。这样的系统本质上不需要电池（电网关闭时启动除外），也不需要互联标准。

2）网格相互连接。允许电力双向流动，即在需要时电力从电网到消费者，来自电网的电力也可以通过燃料电池重返电网。这样的系统可以设计为负载跟踪或恒定功率，因为多余的燃料电池功率可以输出到电网。当然，这种设计选项需要互联标准。

3）独立。在没有电网的情况下提供电力，系统必须能够负载跟踪，通常使用一个相当大的电池组来启用负载跟踪。

4）备用或应急发电机。该系统必须能够快速启动，并且还经常与电池或其他调峰设备结合使用。蓄电池通常在低功率 / 低持续时间作为备用电源方面具有优势，但燃料电池系统在更高功率（几千瓦）和更长持续时间（超过 30min）方面变得具有竞争力。备用电源系统可配备电解槽氢气发生器和储氢装置，在这种情况下，该装置在电网可用电力期间生产燃料。

（2）额定功率　就输出功率而言，燃料电池动力系统可分为以下几类：

1）1～10kW，适用于家庭、拖车、休闲车和便携式电源。

2）10～50kW，适用于大型住宅、豪宅、住宅群和小型商业用途（如小型企业、餐馆、仓库和商店等）。

3）50～250kW，适用于小型社区、写字楼、医院、酒店、军事基地等。

4）对于高于250kW的应用，PEM燃料电池可能无法与其他高温燃料电池技术竞争。

（3）负载跟踪　根据其应用和额定功率输出，燃料电池系统可设计为在负载跟踪或恒定负载模式下运行。负载跟踪要求燃料电池系统的大小能够产生用户所需的最大负载，或者它仅跟随负载达到其额定功率输出，并且负载峰值由调峰设备（例如蓄电池或超级电容器）或与电网互联调节。尽管燃料电池具有电负载跟踪能力，但其在这种模式下的功能取决于反应物供应，包括氧气和氢气，它们是通过机械设备（泵、鼓风机或压缩机）提供，并且具有一定的惯性和时间滞后。

固定的燃料电池电源系统可以设计为始终以恒定/额定功率输出运行。这种系统的大小要么仅覆盖基本负载，要么与电网互联，从而允许将多余的电力输出回电网。

（4）燃料选择　PEM燃料电池依靠氢气运行，然而，氢作为燃料不容易获得，特别是不适用于住宅应用，除非该系统用作备用电力系统，在这种情况下，它可能需要配备电解氢发生器。对于住宅和商业应用，天然气是一种合乎逻辑的燃料选择，因为天然气分布很广，因此迄今为止开发的大多数固定式动力燃料电池系统都使用天然气作为燃料。对于那些未连接到天然气供应管线的用户，丙烷可能是一种替代燃料。丙烷和天然气的燃料处理相似，通常可以使用相同的燃料催化剂和硬件完成加工。对于某些应用，液体燃料如燃料油、汽油、柴油、甲醇或乙醇可能是优选的，所有这些燃料也需要燃料处理。

（5）安装位置　固定式燃料电池电源系统可以设计为安装在室外或室内。室内安装对规范和标准的要求更高，另一方面，室外安装需要防风防雨系统设计。另一种可能性是将燃料电池系统设计为分布式系统，其中燃料电池系统的气体处理和发电部分安装在室外，而控制和功率调节部分安装在室内。

（6）热电联产　任何燃料电池系统都会产生废热，主要的热源是燃料电池堆、燃料处理器和尾气燃烧器（通过未使用的燃料电池堆的氢气被催化燃烧）。热量通过热交换器从系统中排出，或通过辐射和对流简单地消散到周围环境中，来自燃料电池系统的热量可以被捕获并用于加热/预热生活热水，或用于加热与天然气锅炉或热泵相结合的空间供暖系统中的加热介质，这种热电联产系统可能具有更好的经济性，总效率（电加热）可能接近90%。

9.2.2 系统配置

除非氢气可用作分布式发电的燃料，否则燃料电池必须使用现成的燃料，例如天然气或丙烷。大多数人口稠密地区都有天然气，而偏远地区可能有丙烷，所以一般用于固定发电的燃料电池系统必须包括燃料处理器。因此，系统集成和优化是实现高效率的必要条件，一般较大的系统（>100kW）可以实现40%以上的效率，而较小系统（<10kW）的效率通常略低（36%~40%）。固定系统的尺寸和重量并不像在汽车系统中那样重要，此外，固定系统的成本目标至少比汽车系统的成本目标高一个数量级。固定式燃料电池可以在更高的电池电压下运行，从而更高效，但需要更大且更昂贵的电池组。汽车系统可以利用撞击在移动车辆上的空气带走热量，而固定系统的散热系统必须完全依赖风扇。

汽车和固定燃料电池系统之间的最大区别在于电气子系统，即功率调节，电源调节系统的架构很大程度上取决于系统运行模式，一般汽车系统实际上是一个独立的系统，而固定式燃料电池电力系统可以作为独立系统、电网并联、电网交互或作为备用电源运行。

独立系统将需要另一个辅助电源，例如蓄电池或超级电容器，以提供峰值功率需求并补偿系统无法跟踪快速负载变化的问题。燃料电池和辅助电源的尺寸必须能够在最大连续负载下运行，并且能够处理启动负载要求。因此，除了启动负载需求外，功率调节系统必须设计成能够连续处理来自燃料电池和辅助电源的组合功率输出。

在并网系统中，功率调节系统被简化，因为电网可以代替辅助电源并且还提供启动功率。但是，系统必须能够与电网同步，并在电网中断或来自公用设施的信号质量不在可接受的标准范围内时断开连接。在独立模式和并网模式下运行的系统设计更加复杂，因为如果连接到电网，它必须作为电流源运行，如果独立运行，它必须作为电压源运行。如果在燃料电池系统连接到电网时发生电网故障，它必须快速断开并保持向负载供电而不超过其最大额定功率。因此，这种架构需要一个高效的电源管理系统，这可以通过可编程的配电板来实现。电网交互系统的另一个选项是双向传输电力的能力，燃料电池的大小可能适合单个用户的峰值功率，在这种情况下，可能优先将在低功率期间产生的多余电力输出回电网。

9.2.3 应用现状

固定电源[150]市场包括所有在固定位置运行作为主电源、备用电源或者热电联产的燃料电池，比如分布式发电及余热供热等。固定式燃料电池主要被用于商业、工业及住宅和备用发电，它还可以作为动力源安装在航天器、远端气象站、大型公园及游乐园、通信中心、农村及偏远地带。

固定式电站是燃料电池在发电设备中的典型应用。日本在 20 世纪 90 年代安装了十几座兆瓦级的 PAFC 发电站。美国建成了一些中小型 PAFC 发电站，供一些商店、文化中心、公寓和医院使用。美日两国还探索研究以煤或含碳气体为原料的 MCFC 发电技术，建造了兆瓦级的 MCFC 发电站。此后，德国、意大利、荷兰也相继开发了 MCFC 燃料电池热电联产电站，于 21 世纪初研制出 400kW MCFC 燃料电池发生装置。

目前，PEM 燃料电池在固定式发电如家用热电联产、小型分布式供能系统以及备用电源等领域均有示范项目，而且开展的范围在不断拓展。2002 年，美国通用电气公司建成了 7kW 住宅用 HomeGen 7000 型 PEM 燃料电池发电系统，并开始向市场供应。2008 年，日本松下公司推出型号为 ENE-FARM 的 1kW 家用热电联产 PEM 燃料电池发电系统，并在日本国内进行了商业性推广。

在小型分布式发电领域，PEM 燃料电池的应用一直受限于燃料的来源，为解决燃料的来源问题，可以采用天然气、甲醇重整产生的氢气，但是 PEM 燃料电池对氢气的纯度要求高，若要保证 PEM 燃料电池的长寿命，一般要求 CO 体积分数小于 10×10^{-6}，这对 PSA、钯膜分离等氢气分离提纯技术提出了较高的要求，大大增加了燃料成本。

随着风能和太阳能等可再生能源发电技术的发展，风能 / 太阳能电解制氢储能发电技术被日益重视，这不仅能够解决氢气的来源问题，而且能够解决风能和太阳能电力输出波动性的问题，从而使 PEM 燃料电池成为世界范围内的研究与开发热点。德国提出一项为期 15 年、以太阳能 - 氢能 -PEM 燃料电池为基础的示范型工程，由巴伐利亚电力公司、BMW、西门子等多家公司联合研发和实施。近年来，德国的能源研究中心与 Yurok Tribe 公司的研发团队合作，为解决偏远地区中继站的电能供应问题所设计的独立发电系统已经投入使用，此系统采用太阳能光伏发电技术和 PEM 燃料电池技术相结合的发电方式。美国康涅狄格州也建立了太阳能光伏 -PEM 燃料电池系统示范项目，该系统中包括储氢瓶、PEM 燃料电池系统和太阳能光伏列阵系统，该项目已成功通过 HIPRESS 测试。此外，土耳其、巴西等国家也开展了该技术的研究，考核了该技术的技术经济可行性。在目前 5G 时代，部分 5G 基站内可使用燃料电池作为基站的后备电源，取代发电机和部分蓄电池，原理如图 9-3 所示。

在备用电源或应急电源领域，PEM 燃料电池的应用也在逐渐拓宽。由于 PEM 燃料电池保存寿命长（>10 年）、启动速度快（<1min），非常适合用作备用电源。与许多传统的基于蓄电池的应急电源相比，PEM 燃料电池备用电源输出电力的持续时间更长（>24h）、输出电流稳定性更高。截至 2014 年，巴拉德公司生产了超过 2900 台 ElectraGen 备用电源系统，其中有 200 多套系统安装在屋顶。2008 年，我国首台通信用 PEM 燃料电池备用电源通过鉴定，该系统由武汉银泰科技燃料电池有限公司开发，如图 9-4 所示。目前国内开发 PEM 燃料电池备用电源的公司有上海攀业公司、江苏双登公司、昆山弗尔赛能源公司等，其中昆山弗尔赛能源公司 2014 年共出售给中国移动公司 PEM 燃料电池 45 台，累计销售达到 89 台，截至 2020 年 4 月，弗尔赛已提供 100 多套燃料电池产品作为备用电源应用在通信基站。从技术上来说，采用 PEM 燃料电池备用电源能够替代现有的铅酸蓄电池和移动柴油机的技术方案。

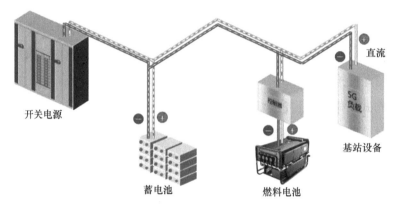

图 9-3　燃料电池在通信行业的应用

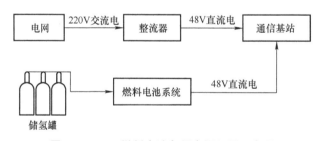

图 9-4　PEM 燃料电池备用电源组网示意图

9.3　备用电源

备用电源是指提供瞬时、不间断电源的任何设备，又称不间断电源（UPS），是一种提供交流（AC）电源的系统或供电时间不超过 30 ~ 60min 的系统。备用电源的典型应用包括电信系统、信息技术和计算机系统、制造过程、安全系统、公用变电站和铁路应用，避免由于电力损失导致生产力显著降低或经济损失的情况。

燃料电池备用电源可以使用氢气作为燃料，氢气可以装在储氢罐中，这些储氢罐在清空后必须更换，可行的解决方案是在电力可用且燃料电池处于休眠状态期间，燃料电池通过电解过程产生自己的氢气，这种燃料电池和电解槽的组合称为可逆燃料电池。因此，备用电源燃料电池不依赖于氢基础设施，可以在汽车和固定燃料电池之前实现商业化。

燃料电池应用于备用电源的使用寿命要求不到2000h，在停电期间以连续负载要求运行，但不应超过8h，使用最新的燃料电池技术可以实现这种技术要求。

备用电源应用（尤其是电信）最重要的要求之一是能够在断电时立即启动，所需的响应时间大约为几毫秒，只要不中断反应物的供应，燃料电池本身就可以满足这一要求，否则，可能需要桥接电源（例如蓄电池或超级电容器）。系统工程的解决方案可以减少甚至消除对桥接电源的需求，例如，燃料电池可以保持在"就绪"模式。因此，大多数时候，备用电源系统处于"空闲"或"就绪"模式，并且运行高度间歇性，每年最多只运行50~200h。

尽管燃料电池会产生水，但系统可能会随着时间的推移而失水。在可再生燃料电池系统中，当系统在电解模式下运行时，水会通过氧气排放从系统中流失，而当系统在燃料电池模式下运行时，水会通过排气而流失。然而，通过适当的系统设计，一个足够大的水箱（至少运行一整年）可能是一个比水回收更经济的解决方案。

尽管系统尺寸和重量对于汽车应用来说至关重要，但它们对于固定应用来说并不那么重要。但是，在某些地区，燃料电池系统相对于传统蓄电池的重量优势可能会提高其竞争力。一般而言，燃料电池备用电源系统，包括超过几千瓦时的储氢系统，通常比燃料电池轻得多，而传统蓄电池（比如铅酸蓄电池），也可能比最先进的燃料电池更轻。

显然，为汽车或固定电源应用设计的燃料电池不满足现有的备用电源要求。事实上，在某些情况下，它们超出了要求，因此，专门为备用电源应用设计的燃料电池堆和系统更有可能以最低成本满足要求。

此外，燃料电池备用电源系统必须配备足够的储氢装置，以满足系统运行所需的时间。可以更换空的氢气瓶，或者是为系统配备氢气发生器（电解器或重整器），由于该系统用于有电但不一定有天然气或丙烷的地方，因此电解槽似乎是更好的选择，电解槽必须调整大小以在给定时间段（通常比备用时间长得多）内产生所需的氢气。

9.4 小型便携式电源

便携式电源系统没有明确的定义，一般定义为从几瓦到大约一千瓦的小型独立电力装置，其主要目的是方便，而不是出于对环境或节能的考虑。这些设备可分为两大类：

1）蓄电池替代，通常低于100W。

2）便携式发电机，最高1kW。

用作蓄电池替代品的小型燃料电池主要特点是无须充电即可满足运行时间，显然，尺寸和重量都很重要，与现有二次电池相比，具有更高功率密度或更大能量存储容量的动力燃料电池可以在便携式计算机、通信和传输设备、电动工具、远程气象或其他观测系统以及军事设备中具有大量应用前景。除了燃料电池本身的尺寸外，关键是燃料种类及储存容量，氢气虽然是PEM燃料电池的首选燃料，但由于其储存的体积或重量限制而很少使用，当这些小型设备所需的氢气量少时也是如此。可行的方案是，氢气可室温储存在金属氢化物储罐中，通过化学氢化物提供更高的能量密度，然而，它们必须配备合适的反应器，在受控化学反应中释放氢气。大多数便携式燃料电池使用甲醇作为燃料，或者是甲醇水溶液，直接使用甲醇（所谓的直接甲醇燃料电池）或通过微型重整器重整后再使用。

小型便携式动力燃料电池在军用市场特别有吸引力，因为军方通常是新技术的早期使用者，在满足其特定要求（例如低噪声、低热特征、长时间运行）情况下，他们愿意接受较高价格和有限的性能以及安全性。军方对小型燃料电池的兴趣范围很难分类，早期军用燃料电池产品的一些例子包括：

1）电池充电器。

2）单兵电力。

3）通信。

4）导航系统。

5）计算机。

6）各种工具。

7）外骨骼。

8）车辆辅助动力装置。

9）无人机。

10）小型自主机器人车辆。

11）无人值守的传感器和弹药。

12）海洋传感器和转发器。

虽然军事应用的首选燃料是军用后勤燃料，由于重整这种燃料比较困难，用于非军事应用的燃料，例如氢、金属氢化物、化学氢化物和甲醇是可行的选择，只须将这些燃料以封闭罐的形式供应且不必分配即可。

用于便携式电源应用的小型燃料电池已开发出很多种配置，有些电堆是大型汽车或固定动力燃料电池的小型复制品，具有相同的组件、MEA、气体扩散层、双极板和端板；有些使用平面配置。这些应用的燃料电池系统极其简化，一般认为系统的简化性比电池/电池组的尺寸更重要，能产生的功率密度通常低于 $0.1W \cdot cm^{-2}$，这些电池/电堆不需要主动冷却，氢气以"死角模式"运行，而空气通常是被动供应的。

9.5 船用动力

传统大型船舶、舰艇主要靠燃烧柴油或重柴油的内燃机驱动，其大量的污染物排放包括 CO_x、SO_x、NO_x、固体颗粒等是全世界关注的焦点。

9.5.1 船舶

根据 2014 年 10 月国际海事组织（International Maritime Organization，IMO）发布的第 3 次温室气体研究报告，2012 年全球航运业排放的 CO_2 有 7.96 亿吨，占当年全球 CO_2 总排放量的 2.2%，若任由其发展至 2050 年，船舶温室气体排放量将比 2012 年增加 0.5～2.5 倍[151]。据报道，2010 年我国约有 120 万人因空气污染而过早死亡，其中船舶污染物排放是导致空气污染和健康问题的重要因素之一[152]。

近年来，随着科技革命和产业变革的进行，为减轻船舶污染物排放对大气环境造成的污染，各国政府提出了绿色航运、绿色船舶的发展策略。截至 2019 年，我国政府部门结合相关国际法规，出台了一系列促进船舶和港口节能减排的国家政策、行业法规和新能源补贴文件，以促进燃料电池船舶载绿色航运领域的技术发展和应用，具体见表 9-2。

表 9-2 我国绿色航运发展燃料电池船舶的相关法规或文件[153]

类型	发布日期	政策、法规或文件
国家政策	2017-02-03	《"十三五"现代综合交通运输体系发展规划》
	2015-08-27	《船舶与港口污染防治专项行动实施方案（2015—2020 年）》
	2017-11-27	《关于全面深入推进绿色交通发展的意见》
行业法规	2015-06-10	《公路水路交通运输节能环保"十三五"发展规划》
	2017-07-20	《港口岸电布局方案》
	2017-12-01	《船舶应用替代燃料指南 2017》第 2 篇"燃料电池系统"
能源补贴文件	2019-09-02	《深圳市绿色低碳港口建设补贴资金管理暂行办法实施细则》
	2019-01-25	《广州港口船舶排放控制补贴资金实施方案》

相对于传统的内燃机，燃料电池没有燃烧过程，其污染物排放量较少，对环境友好，能完全满足 MARPOL 73/78 公约附则Ⅵ的各项标准要求。此外，新型的直接式燃料电池装置周围环境非常清洁而且很安静，被认为是一种新型的水面、水下舰船发电装置，作为一种新的能源技术，这种新型的船用发电系统具有广阔的军用和民用市场，其在海军舰艇和商船领域的应用都表现出较强的竞争力，在绿色航运发展和绿色船舶领域具有广阔的市场前景[154]。燃料电池技术在船舶和舰艇上应用的优缺点，见表 9-3。将燃料电池技术应用于船舶和海军舰艇，除了初期投资成本大、寿命短、动态响应慢、单位输出功率所需容积和重量大等缺点外，从船东、船厂、船员及乘客、社会、海军舰艇角度看，具有效率高、船员少、运行费用小、货舱空间增加、燃料范围广、清洁环保、红外热辐射低、海军居住环境改善等综合优点。

表 9-3　燃料电池技术应用于船舶和舰艇的优缺点[153]

方面	优点	缺点
船东	效率高、船员少、运行费减少、增加货舱空间、燃料范围广	初期投资成本大、寿命短、动态响应慢、单位输出功率所需容积和重量大
船厂	单元化和模块化生产、省力和缩短工期	
船员及乘客	低噪声和振动、维修保养便利、改善居住环境和减轻工作负担	
社会	排气清洁、环保和节省资源	
海军舰艇	排放温度低、低红外热辐射、提升隐蔽性和续航能力、改善海军居住环境、增强战斗力	

当前的船舶动力装置主要以柴油机、汽轮机和燃气轮机为主要和辅助动力装置，利用柴油机为船舶辅助动力装置及助航设备供电，通常配备有相当数量的蓄电池组作为应急电源。在过去的 20 多年，欧美国家和日本大力推进了燃料电池在船舶领域的应用，开展了很多研究，部分具有代表性的海上燃料电池研究应用项目见表 9-4。可见，与传统的内燃机相比，燃料电池具有效率高、安静、环保的优势，既能为船舶提供推进动力，又可为船舶分布式电源提供电力[153]。

表 9-4　代表性海上燃料电池研究应用项目

船舶类型	项目	电池类型	燃料	功率 /kW	系统类型	国家 / 地区
潜艇	212 级	PEMFC	氢气	30	不依赖空气推进（AIP）	德国 / 意大利
	S-80	PEMFC	生物乙醇	300	重整器 /AIP 推进系统	德国

（续）

船舶类型		项目	电池类型	燃料	功率/kW	系统类型	国家/地区
水面舰艇		SSFC	MCFC/PEMFC	NATO-F76	625	重整器推进系统	美国
		DESIRE	PEMFC	NATO-F76	25	重整器推进系统	荷兰/德国
旅游观光船	客渡船	FCSHIP	MCFC	柴油	400	辅助动力单元	欧盟
	大型邮轮	FELICITAS	SOFC	柴油、液化石油气	250	辅助功率单元	欧盟
	客滚船	MC-WAP	MCFC	柴油	500	辅助发电机	欧盟
	小型客船	ZEMSHIP	PEMFC	氢气	50	铅酸燃料电池/混合推进系统	德国
	邮船	PaXell	HT-PEMFC	甲醇	120	重整器推进系统	德国
近海、内河作业船	近海供给船	FellowSHIP	MCFC	液化天然气	330	重整器推进系统	挪威
科学考察和观测船	自动潜航器	URASHIMA	PEMFC	氢气	4	推进系统	日本
货船	载车船	METHAPU	SOFC	甲醇	20	辅助功率系统	意大利

我国燃料电池船舶的研究起步较晚，直至 20 世纪末才开始，研究技术相对落后，目前国内燃料电池在船上的应用大体上仍处在理论研究阶段，国内成功将燃料电池应用到船上的案例较少，具体应用实例见表 9-5。

表 9-5 国内船舶用燃料电池案例

年份	船舶名称	船型	电池类型	输出功率	项目实施机构
2002	"富原1号"	游艇	PEMFC	400W	北京富原燃料电池公司
2005	"天翔1号"	试验船	—	2kW	上海海事大学

9.5.2 潜艇

当前，燃料电池潜艇技术日趋成熟[155]，军用潜艇主要运用带有不依赖空气推进（AIP）的 PEM 燃料电池推进系统。燃料电池凭借其排放温度低、红外热辐射少和启动迅速等特性，在不明显增加潜艇排水量和主要尺寸、不降低潜艇水下最高航速的前提下，能够增加潜艇的水下续航能力、提升隐蔽性、改善海军居住环境及减少环境污染物排放等，在提高海军战斗力的同时，能满足日益严格的国际海事法规的要求。

潜艇用 FC/AIP 的基本原理是：在高速航行时，以柴电系统作为潜艇的动力源；低速航行时，以 FC/AIP 系统作为动力源[155]。美国利用 MCFC/PEMFC 重整器推进系统，已实现燃料电池 625kW 大功率对军舰供电；在 AIP 系统的潜艇中，德国是将燃料电池应用到潜艇上技术最成熟的国家，已成功将 300kW 功率的生物乙醇 PEM 燃料电池应用于 AIP 潜艇。

潜艇用 FC/AIP 系统的发展经历了三个阶段：第一阶段是 20 世纪 60 年代燃料电池在航空航天领域成功运用，各国对其在潜艇上的运用产生了浓厚兴趣，美国、瑞典等先后投入了大量的人力、物力、财力对其进行研究，但由于当时的技术工艺水平尚不能达到实用要求，不久就停止了研究工作；第二阶段是 20 世纪 70 年代，日本对潜艇用 FC/AIP 系统进行了大量的开发研制工作，后来也因为种种原因停止了；第三阶段是 20 世纪 80 年代后，德国加大了对 FC/AIP 系统的研究力度，并成功将 FC/AIP 系统装备到潜艇上，引起了各国的关注，各国随后都加大了对 FC/AIP 系统的投入。

2011 年，德国、俄罗斯等国家已成功将燃料电池应用于潜艇 AIP 系统，其中德国潜艇燃料电池的研制在世界上一直处于领先地位，其 212A 型和 214 型潜艇代表着 FC/AIP 系统的最高水平。212A 型潜艇装备的 PEM 燃料电池模块由德国西门子公司提供，总输出功率达到 306kW，为防止反应物泄漏，燃料电池模块被放置在耐压容器中，容器中充满了 3.5MPa 压力的氮气，储氢材料为铁 - 钛合金，吸氢量可达合金质量的 2%。之后德国还开发了 214 型（出口型）FC/AIP 潜艇，该型潜艇装备了 2 组 120kW PEM 燃料电池单元，可输出 240kW 的电力。提高 AIP 系统的综合性能后，214 型 AIP 潜艇水下连续航行时间（2 ~ 6kn[⊖] 航速）达到 3 个星期。

俄罗斯在研究潜艇 FC/AIP 系统的应用方面进行了长期试验，积累了丰富的经验。1988 年，苏联海军在"卡特兰"号潜艇上进行了 FC/AIP 系统试验，现役俄罗斯常规潜艇的燃料电池主要由圣彼得堡特种锅炉设计制造局研制。装备碱性燃料电池的"阿穆尔 -1650"型潜艇于 2003 年秋下水，并于 2004 年进行了海试。"阿穆尔 -1650"型潜艇的 AIP 系统额定功率为 300kW，燃料电池效率约为 70%，额定功率时的耗氢量为 $0.042kg \cdot kW^{-1}$，单位耗氧量为 $0.336kg \cdot kW^{-1}$。其燃料电池的工作温度为 $100℃$，压力为 0.4MPa，氢氧化钾浓度为 38% ~ 40%。

西班牙海军也为 2500t S-80 型潜艇研制了燃料电池 AIP 系统，该系统采用 PEM 燃料电池，利用乙醇重整抽取氢气和纯氧气为燃料。

意大利泛安科纳造船公司和俄罗斯红宝石船舶设计局联合为意大利海军 S-1000 型潜艇研制燃料电池，该艇采用 FC/AIP 系统为动力潜航时的航程为 1000n mile。

以色列海军采购了德国新造的 2 艘改进型"海豚"级潜艇，可能采用类似于 212A 型（或 214 型）潜艇的 FC/AIP 系统，由于装备了 FC/AIP 系统，其下潜深度较早期建造的 3 艘"海豚"级潜艇稍有提高，自持力在 45 天以上。

⊖ 1kn=1.852km/h。

20 世纪 80 年代，日本重新开始潜艇用 FC/AIP 系统的研究。日本海洋科学技术中心 2003 年 8 月曾宣布其已成功研制出世界上首台用于深海研究的燃料电池潜艇 URASHIMA 号。URASHIMA 艇长 10m，鱼雷型设计，下潜深度 3500m，能在水下航行 300km，较以往采用锂电池为动力深海探测潜艇的航程大为增加。

加拿大早在 1994 年就已开发出了 40kW 的燃料电池模块，并于 2000 年前后与美国通用电气公司合作开发出了 300kW 潜艇用燃料电池模块。加拿大海军在 2010 年左右对其从英国引进的维多利亚级潜艇装备了由巴拉德动力公司开发的 PEMFC/AIP 系统，以增加持续潜航能力。

我国燃料电池堆技术已具有较高水平，但如果装备潜艇使用，还需要对现有燃料电池堆进行设计、改造并加装相应的辅助装置，以满足艇用化的需要。

9.6 航空航天

9.6.1 航空

当前，全球民航业正为实现航空碳减排目标而开展积极的行动。其中，氢能源飞机的研发应用已成为重要选项之一。作为飞机上使用的能源载体，氢气具有污染少、全球可用和安全等优点。因此，氢气被认为是一种合适的航空燃料。

利用氢气为飞机提供动力的方式主要包括：氢气直接作为燃料电池的燃料源，通过氢与氧反应发电，为飞机发动机提供动力；氢气直接用作改装发动机的燃料源。有预测指出，到 2030 年，全球氢能源飞机的市场价值将达到 276.8 亿美元；到 2040 年，市场价值将超过 1740 亿美元。

2020 年 6 月，法国政府公布了支持该国航空航天业发展的计划，提出未来 15 年内投资 70 亿欧元，支持建造氢动力"绿色飞机"，将在 2023 年之前建造出第一个液氢罐，并计划在 2025 年进行首飞测试，计划在 2035 年研发生产出世界上第一架零碳排放的商用飞机，主要用于支线运输和短程运输，传统喷气发动机将持续应用到 2050 年。从技术角度来看，氢气需要在 −250℃ 状态下才能被安全地储存在飞机中。因此，对商用航空而言，最大的挑战在于开发一种能够满足飞机应用所需的重复热压循环的储存组件。

氢能源飞机研发虽然已经成为主流趋势，但是今后发展仍面临巨大挑战。如何储存氢气是首要问题。液态氢的能量密度只有传统航空燃料的 1/4 左右，这意味着如果想获得相同的能量，在使用氢气时需要一个更大的储存装置。因此，飞机需要重新设计以增加燃料储存空间。此外，机场基础设施也需要进行调整，以便氢气的运输和储存。但是，由于氢气可以从水中提取，机场可以就地生产氢燃料，从而减少了对燃料运输的需求，减少了排放和运输安全上的隐患。

燃料电池在航空领域的应用研究在 21 世纪初开始出现，其中，国内外燃料电池飞机技术发展现状见表 9-6。

表 9-6　国内外燃料电池飞机技术发展现状 [156]

时间	项目合作单位	项目名称	国家	技术指标
2002 年 9 月	波音公司与美国国防部	燃料电池无人机推进系统	美国	2003 年建成并演示系统
2002 年 8 月	NASA	燃料电池驱动的电动飞机样机	美国	重量 150kg
2005 年 5 月	美国航空环境公司	"全球探索者"氢燃料电池无人机	美国	首飞成功
2009 年 7 月	—	全球首架燃料电池驱动有人驾驶飞机	德国	试飞成功，续航 5h、750km，气冷电池组
2009 年 10 月	美国海军研究实验室	氢动力燃料电池飞机"离子虎"号	美国	飞行 23h 17min
2012 年 12 月	同济大学与上海奥科赛飞机公司	中国第一架纯燃料电池无人机"飞跃一号"	中国	首飞成功，航高 2km，航速 30km · h⁻¹，续航 2h
2017 年 1 月	中科院大连化学物理研究所	国内首架有人驾驶燃料电池驱动的试验飞机	中国	首飞成功，功率 20kW
2008 年	空客公司	PEMFC 辅助推进飞机动力技术	法国	A320 飞机上验证成功，功率 25kW，降低 15% 油耗
2012 年	波音公司	燃料电池辅助推进飞机动力技术	美国	B737 飞机上试验

9.6.2　航天

电源系统是航天器中不可缺少的重要组成部分，其可靠性直接影响着航天器的寿命。目前，中国的载人登月计划已经提上日程，这些航天器的发展迫切需要大功率、长寿命、可持续和高可靠性的电源系统。因此，充分考虑航天器的太空环境，比如日照周期性、缺水、缺氧等条件，发展航天器可持续、自循环的清洁能源系统技术就非常重要，除了满足航天器生命保障系统的电力、氧气、水等需求外，还可以降低航天器的发射成本。

目前，航天领域应用较多的燃料电池有碱性燃料电池以及 PEM 燃料电池，其中，碱性燃料电池主要作为航天飞机的主电源，而 PEM 燃料电池既可作为主电源，也可作为可再生燃料电池（RFC）的组成部分。PEM 燃料电池可在低温快速启动，且电池结构紧密，因不使用腐蚀性液态电解质，电池可在任何方位、任何角度运行，适宜于航天领域应用。

20 世纪 60 年代，燃料电池在航空航天领域中得到应用，并因此得到广泛研究及快速发展。1965 年，聚苯磺酸膜燃料电池（早期的 PEM 燃料电池）作为主电源应用于双子星座 5 号载人飞船，但在飞行过程中，质子交换膜发生了降解，影响了燃料电池的寿命及性能，同时导致产生的水无法供给航天员饮用。之后，氢氧碱性燃料电池（AFC）作为主电源用于阿波罗（Apollo）登月飞船上，为人类首次登月提供了可靠的电力供应。

此后，国际上便出现了 AFC 的研究高潮，而 PEM 燃料电池的研究则暂时搁置。直至 20 世纪 90 年代，PEM 燃料电池因其响应速度快、工作温度低等特性，在地面应用方面展现出了巨大的潜力，而且性能及成本问题也在逐步改善，从而再次引起了研究人员的关注。而碱性燃料电池则因为应用领域相对局限，且存在着寿命较短（<5000h）、比功率低、体积大、维护困难等缺陷，应用和发展受到了严重制约。

空间应用的燃料电池处于微重力环境下，有特殊的系统需求、操作条件及相关设计。尤其在流场的设计及布置上，在微重力环境中，重力影响消失，无论是流场中反应气体的浓度还是液态水的排出都发生了一些变化，因此燃料电池应用于空间场合之前，必须先考虑这些变化因素及其对电池性能与寿命的影响。

世界上早期发射的短寿命小功率航天器往往选择锌银电池；长寿命地球轨道飞行的卫星一般选择太阳能阵列 + 蓄电池组；而燃料电池更适合应用于载人航天器；深太空探索则可选择核电源 [157]。目前，中国的航天器常选择的是太阳能阵列 + 蓄电池组合，此技术在无人航天器中技术优势比较明显，但是在载人航天器领域，劣势就比较明显，此技术只能实现电的循环，无法将人类生存所需要的氧、水在日照周期性过程中自循环起来，造成的结果是需要额外设备自制氧气、净化可饮用的水，这些额外的设备负担都增加了航天器的发射成本，经济性较差。

对于载人航天器，从降低发射成本考虑，建立航天器的可持续、自循环生命保障系统（电、水、氧、动力氢）就显得尤为重要，弥补太阳能阵列 + 蓄电池组上述缺点的可行性技术是可再生燃料电池（RFC）+ 太阳能电池的组合，如图 9-5 所示。

RFC 通常由 PEM 燃料电池组成，从功能上看类似于二次电池 [158]，是在普通氢氧燃料电池（一般为 PEM 燃料电池）基础上发展起来的产生、储存和利用氢气 / 氧气的电化学装置，是将水电解技术和氢氧燃料电池技术相结合的一种发电装置。RFC 可以分为一体式、分开式及综合式。一体式的特点是水的电解和发电均由相同组件完成；分开式由完全独立的两个组件分别完成水的电解和发电功能；综合式则将两个组件放入同一单元内运行。目前 RFC 因其能量密度高、重量轻和效率高等特性，被广泛考虑用于载人飞船、国际空间站、近地轨道卫星及高空长航时无人机等航空航天领域。其能为航天器提供超过 20kW 的功率输出和 20 天或更久的持续供电能力，比传统太阳能电池 - 蓄电池体系拥有更优良的工作特性。

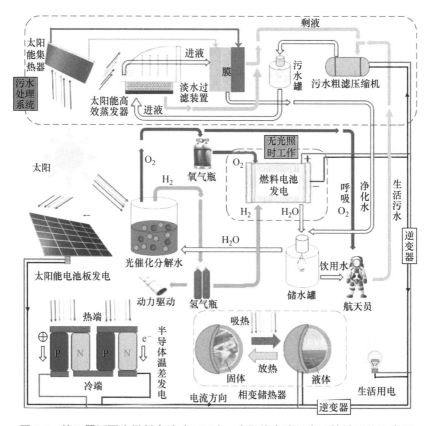

图 9-5　航天器可再生燃料电池（RFC）+ 太阳能电池组合可持续工作示意图

简言之，RFC 可利用氢气和氧气发电，同时还具有逆向功能使用太阳能电池板或是其他来源的水和电能，产生氢气和氧气。如图 9-5 所示，在太空中，当航天器有日照（或能量富裕）时，充分利用取之不竭的太阳能进行发电或者光解水制氢气和氧气存储起来，氢气可以作为航天器的动力源，而氧气可以作为人类呼吸需要的生命保障气；当没有日照（或外界需要电）时，太阳能电池失去了作用，可用储存的氢气和氧气通过 RFC 装置进行发电，直接将化学能转换为电能，产物为水，此时的水大部分作为光解水的资源，还可作为人类的饮用水、生活用水。

航天器向阳面和背阳面的温差较大，利用半导体温差发电技术既可以充分利用此温差发电，还可使航天器向、背阳面之间的温度趋于平衡，有利于保护航天器的防护层；利用相变储热技术，将太阳能高效地转换为化学能，在没有日照时将化学能释放，可保证航天器内温度的恒定。此外，将太阳能集热器、太阳能高效蒸发器、淡水过滤装置和污水粗滤压缩机进行结合，还能实现自维持的航天员污水处理系统。因此，RFC+ 太阳能电池组合的技术是以水为能量循环介质，实现不间断电力供应和水、氧、动力氢的自循环，循环过程中所有的中间产物均可以充分利用，利用率为 100%，此组合再与半导体温差发电装置和相变储热器并联，实现增加日照时太阳能的利用率和航天器内温度恒定，更宜航天员长期居住。

在航天领域中，同传统的蓄电池相比，RFC 的能量密度要高很多 [2]，RFC+ 太阳能电池的组合在月球基地、大功率卫星和空间站及近空间飞行器上有很好的应用前景。以月球基地为例，尤其是有人值守的月球基地，能量消耗很大，美国的相关研究认为，一般月球基地的所需功率为 20 ~ 100kW[3]。选择能量密度大的电源系统，可节约大量的发射费用。更重要的是，月球的自转周期很长（达 28 个地球日），其中无日照时间为 16 个地球日 [159]，用于月球基地的电源必须能长期供电。RFC 只需要增加氢、氧和水的储存系统，就能满足要求。若月球上存在水，RFC 系统甚至可以不从地球上带水。此外，将人类的尿液进行收集作为电解水的资源也是一个可行的方案。

欧美国家已经对 RFC 技术在太空中的应用进行了多年的研究，NASA 的相关研究集中在可应用于月球基地电源系统、近空间飞行器动力系统 RFC 的升级。近空间飞行器，尤其是长航时电力驱动无人机对电源的能量密度要求很高，能量密度应大于 $400W \cdot h/kg$[160]，目前，可以满足该要求的化学电源只有 RFC，NASA 和美国国防部也已经积极研究将 RFC 应用到该领域 [161, 162]，NASA 也认识到 AFC 的相对不足并对其升级 [163, 164]；欧洲学者也研究了用 AFC 取代蓄电池的可行性 [165]。

目前，相对于非常成熟的航天器太阳能电池板发电技术，半导体温差发电还处于起步研究阶段，而相变储热已经应用于相变材料增强的锂电池组，使储能电池的热管理更安全和增强能量利用效率，但是，从空间资源能源利用安全方面考虑，多种能源互补、并网是非常可行的选择。

综上，空间资源能源利用技术对助力我国空间站、载人登月等载人太空探索具有举足轻重的作用，是人类在太空生命得到可持续维持、降低航天器发射成本的重要保障，也是我国需要奋力追赶的欧美国家领先航天器 AFC 技术领域。

附 录

主要符号

1. 英文字母

a	水的热力学活度，[%]
a_c	催化剂比表面积，$[cm^2 \cdot mg^{-1}]$
a_n	黏度系数，[−]
A	导体截面面积，$[m^2]$；电极活性面积，$[cm^2]$
A_a	界面处的表观接触面积，$[m^2]$
d_{pore}	电极平均孔径，[m]
C_B	反应物的体积浓度，$[mol \cdot cm^{-3}]$
C_{O_x}	氧化反应物质的表面浓度，$[mol \cdot cm^{-2}]$
C_p	比定压热容，$[J \cdot kg^{-1} \cdot K^{-1}]$
C_{R_d}	还原反应物质的表面浓度，$[mol \cdot cm^{-2}]$
C_S	催化剂表面的反应物浓度，$[mol \cdot cm^{-3}]$
C_w	膜中水浓度，$[mol \cdot cm^{-3}]$
d	厚度，[cm]
D	扩散系数，$[m^2 \cdot s^{-1}]$；表面轮廓的分形维数，[−]
D_n	黏滞阻力系数，$[m^{-2}]$
E	电位或电压，[V]
E_0	理论电压，[V]
E_{act}	活化能，$[J \cdot mol^{-1}]$
E_C	活化能，$[kJ \cdot mol^{-1}]$

E_{cell}	电池电压，[V]
E_{Nernst}	能斯特电压，[V]
EW	当量重量，$[g \cdot eq^{-1}]$
f_{prg}	清洗频率，$[s^{-1}]$
F	法拉第常数，$96485[C \cdot mol^{-1}]$
F_n	黏性惯性系数，$[m^{-1}]$
G	吉布斯自由能，$[J \cdot mol^{-1}]$；曲面轮廓，[m]
ΔG	吉布斯自由能变，$[J \cdot mol^{-1}]$
h	普朗克常数，$6.626 \times 10^{-34}[J \cdot s]$
h_f	生成焓，$[kJ \cdot mol^{-1}]$
h_i	组件 i 厚度，[m]
H_{fg}	蒸发热，$[kJ \cdot mol^{-1}]$
ΔH_e	单位摩尔电子的焓变，$[J \cdot mol^{-1}e^{-1}]$
ΔH	焓变，$[J \cdot mol^{-1}]$
i	局部电流密度，$[A \cdot cm^{-2}]$
$\bar{i}$	平均电流密度，$[A \cdot cm^{-2}]$
i_{cell}	电池平均电流密度，$[A \cdot cm^{-2}]$
i_{loss}	电流损失，$[A \cdot cm^{-2}]$
i_L	极限电流密度，$[A \cdot cm^{-2}]$
i_0	局部交换电流密度，$[A \cdot cm^{-2}]$
i_0^{ref}	单位催化剂表面积的参考交换电流密度，$[A \cdot cm^{-2}Pt]$
I_{ext}	交叉电流，[A]
I_{loss}	内电流，[A]
J_i	物质 i 质量扩散通量，$[kg \cdot m^{-2} \cdot s^{-1}]$
k	有效热导率，$[W \cdot m^{-1} \cdot K^{-1}]$
k_B	玻尔兹曼常数，$1.38 \times 10^{-23}[J \cdot K^{-1}]$
k_f	正反应（还原）速率系数，$[s^{-1}]$
k_b	逆反应（氧化）速率系数，$[s^{-1}]$
K	几何常数，$[-]$
K_D	达西系数，$[m^2]$
L	导体长度，[m]；扩散介质的厚度，[m]；扫描长度，[m]

L_{c}	催化剂载量，$[\text{mgPt} \cdot \text{cm}^{-2}]$	
$\dot{m}$	质量流量，$[\text{g} \cdot \text{s}^{-1}]$	
M_{i}	物质 i 摩尔质量，$[\text{g} \cdot \text{mol}^{-1}]$	
n	传递电子数，$[-]$	
N	阿伏伽德罗常数，$6.022 \times 10^{23}[\text{mol}^{-1}]$；反应物通量，$[\text{mol} \cdot \text{s}^{-1}]$	
$\dot{N}$	消耗速率，$[\text{mol} \cdot \text{s}^{-1}]$	
p^{*}	无量纲组装力，$[-]$	
P	气体压力，$[\text{Pa}]$	
P_{Assembly}	电池组装压力，$[\text{MPa}]$	
P_{contact}	气体扩散层和双极板之间接触压力，$[\text{MPa}]$	
P_{r}	反应物分压，$[\text{kPa}]$	
P_{r}^{ref}	参考压力，$[\text{kPa}]$	
P_{m}	渗透率，$[\text{Barrer 或 mol} \cdot \text{cm} \cdot \text{s}^{-1} \cdot \text{cm}^{-2} \cdot \text{Pa}^{-1}]$	
ΔP	压降，$[\text{Pa}]$	
q	电荷，$[\text{C} \cdot \text{mol}^{-1}]$	
Q	体积流量，$[\text{m}^{3} \cdot \text{s}^{-1}]$；热量，$[\text{J}]$	
R	理想气体常数，$8.3145[\text{J} \cdot \text{mol}^{-1} \cdot \text{K}^{-1}]$	
R_{contact}	接触电阻，$[\text{m}\Omega \cdot \text{cm}^{2}]$	
R_{e}	燃料电池体电阻，$[\text{m}\Omega \cdot \text{cm}^{2}]$	
$R_{\text{GDL-BPP}}$	气体扩散层和双极板之间界面电阻，$[\text{m}\Omega \cdot \text{cm}^{2}]$	
S	熵，$[\text{J} \cdot \text{mol}^{-1} \cdot \text{K}^{-1}]$；溶解度，$[\text{mol} \cdot \text{cm}^{-3} \cdot \text{Pa}^{-1}]$；化学计量比，$[-]$	
S_{i}	质量源项，$[\text{kg} \cdot \text{m}^{-3} \cdot \text{s}^{-1}]$；体积能量源项，$[\text{J} \cdot \text{m}^{-3} \cdot \text{s}^{-1}]$；动量源项，$[\text{kg} \cdot \text{m}^{-2} \cdot \text{s}^{-2}]$；电荷源项，$[\text{A} \cdot \text{m}^{-3}]$	
S_{ij}	偏应力张量，$[\text{Pa}]$	
ΔS	熵变，$[\text{J} \cdot \text{mol}^{-1} \cdot \text{K}^{-1}]$	
t	样品厚度，$[\text{cm}]$	
T	温度，$[\text{K}]$	
T_{ref}	参考温度，$298.15[\text{K}]$	
U	流体速度矢量，$[\text{m} \cdot \text{s}^{-1}]$	
V	电池电压，$[\text{V}]$	
$\dot{V}$	体积流速，$[\text{NL} \cdot \text{min}^{-1}]$	

V_i	物质 i 扩散体积，	$[\mathrm{m}^{-3}]$
V_m	摩尔体积，	$[\mathrm{m}^3 \cdot \mathrm{mol}^{-1}]$
w	功率密度，	$[\mathrm{W} \cdot \mathrm{cm}^{-2}]$
W_A	单位面积重量，	$[\mathrm{g} \cdot \mathrm{cm}^{-2}]$
W_el	电功，	$[\mathrm{J} \cdot \mathrm{mol}^{-1}]$
x	质量湿度比，	$[-]$
X_i	物质 i 摩尔分数，	$[-]$
Y_i	物质 i 质量分数，	$[-]$

2. 希腊字母

α_e	传递系数，	$[-]$
γ	压力相关系数，	$[-]$
γ_a	阳极指前因子，	$[\mathrm{A} \cdot \mathrm{m}^{-2}]$
γ_c	阴极指前因子，	$[\mathrm{A} \cdot \mathrm{m}^{-2}]$
δ	扩散距离，	$[\mathrm{cm}]$
δ_{ij}	克罗内克符号，	$[-]$
ε	孔隙率，	$[-]$
ε_com	压缩后孔隙率，	$[-]$
$\varepsilon_{ij}^\mathrm{EL}$	弹性应变张量，	$[-]$
$\varepsilon_{ij}^\mathrm{PL}$	塑性应变张量，	$[-]$
E	杨氏模量，	$[\mathrm{MPa}]$
η	过电位，$[\mathrm{V}]$；效率，	$[\%]$
κ	离子电导率，	$[\mathrm{S} \cdot \mathrm{cm}^{-1}]$
λ	压缩比，$[-]$；膜的含水量，	$[N(\mathrm{H_2O})/N(\mathrm{SO_3H})]$
μ	动力黏度，	$[\mathrm{kg} \cdot \mathrm{m}^{-1} \cdot \mathrm{s}^{-1}]$
ν	泊松比，	$[-]$
ξ	电渗阻力系数，	$[N(\mathrm{H_2O})/N(\mathrm{H^+})]$
ρ	气体密度，$[\mathrm{kg} \cdot \mathrm{m}^{-3}]$；电阻率，	$[\Omega \cdot \mathrm{cm}]$
ρ_e	电子/质子电阻率，	$[\Omega \cdot \mathrm{m}]$
ρ_m	膜密度，	$[\mathrm{g} \cdot \mathrm{cm}^{-3}]$
ρ_real	固相密度，	$[\mathrm{g} \cdot \mathrm{cm}^{-3}]$

σ	电子 / 质子电导率，[S·m^{-1}]
σ_{ij}	应力张量，[Pa]
τ	曲折度，[–]
τ_{prg}	氢气吹扫持续时间，[s]
χ	摩尔湿度比，[–]
φ	电位，[V]；相对湿度，[–]
$\Delta\Phi$	测得电压，[V]

3. 缩写

2D	二维（two dimensions）
3D	三维（three dimensions）
AFC	碱性燃料电池
B-V	巴特勒 - 福尔默（Butler-Volmer）
CFD	计算流体力学
BC	边界条件
BPP	双极板
CL	催化层
DEFC	直接乙醇燃料电池
FC	燃料电池
FVM	有限体积法
GDL	气体扩散层
HOR	氢氧化反应
I-V	电流 - 电压
LBM	格子玻尔兹曼法
MCFC	熔融碳酸盐燃料电池
MEA	膜电极组件
MPL	微孔层
ML	单层
OCV	开路电压
OpenFOAM	开源场运算和处理软件（Open-source Field Operation And Manipulation）

ORR	氧还原反应
PAFC	磷酸燃料电池
PEM	质子交换膜
PEMFC	质子交换膜燃料电池
PSA	全氟碳磺酸
PSEPVE	全氟磺酰氟乙基丙基乙烯基醚
PTFE	聚四氟乙烯
SOFC	固体氧化物燃料电池
TFE	四氟乙烯
TPB	三相界面

参 考 文 献

［1］ O'HAYRE R, CHA S W, COLELLA W, et al. Fuel cell fundamentals ［M］. 3rd ed. Hoboken, N.J. : John Wiley & Sons, 2016.

［2］ BARBIR F. PEM fuel cells : theory and practice ［M］. Cambridge, Mass. : Academic Press, 2012.

［3］ 袁伟, 李宗涛, 潘敏强, 等. 5kW 氢 - 空质子交换膜燃料电池系统设计研究 ［J］. 华东电力, 2008, 36(8) : 68-71.

［4］ 卢兰光, 诸葛伟林, 欧阳明高, 等. 客车用燃料电池系统开发研究 ［J］. 汽车工程, 2007, 29(4) : 314-318.

［5］ 刘友梅, 陈清泉, 冯江华, 等. 中国电气工程大典：第 13 卷 交通电气工程 ［M］. 北京：中国电力出版社, 2009.

［6］ 闽金军, 宋金香. 燃料电池的发展现状 ［J］. 中国科技信息, 2020(Z1) : 52-53.

［7］ WEAST R C. CRC handbook of chemistry and physics ［M］. 63rd ed. Boca Raton, Fla. : CRC Press, 1982.

［8］ HIRSCHENHOFER J H, STAUFFER D B, ENGLEMAN R R. Fuel cells : a handbook (revision 3) ［R］. Morgantown : U.S. Department of Energy, Office of Fossil Energy, 1994.

［9］ CURZON F L, AHLBORN B. Efficiency of a Carnot engine at maximum power output ［J］. American Journal of Physics, 1975, 43(1) : 22-24.

［10］ CHEN E. Thermodynamics and electrochemical kinetics ［M］//HOOGERS G. Full cell technology handbook. Boca Raton, Fla. : CRC Press, 2003 : 60-89.

［11］ ATKINS P, DE PAULA J. Physical chemistry for the life sciences ［M］. New York : Oxford University Press, 2011.

［12］ GILEADI E. Electrode kinetics for chemists, chemical engineers, and materials scientists ［M］. ［S.l.］: Capstone, 1993.

［13］ BOCKRIS J O, SRINIVASAN S. Fuel cells : their electrochemistry ［J］. AIChE Journal, 1969.

［14］ BARD A J, FAULKNER L R. Bulk electrolysis methods ［M］//BARD A J, FAULKNER L R. Electrochemical methods : fundamentals and applications . New York : John Wiley & Sons, 1980 : 370-428.

［15］ LARMINIE J, DICKS A. Fuel cell systems explained ［M］. 2nd ed. Chichester, Eng. : John Wiley & Sons, 2003.

［16］ NEWMAN J S, BALSARA N P. Electrochemical systems ［M］. 4th ed. Hoboken, N.J. : John Wiley &

Sons, 2021.

［17］ GASTEIGER H, GU W, MAKHARIA R, et al. Catalyst utilization and mass transfer limitations in the polymer electrolyte fuel cells［C］//The 2003 Electrochemical Society Meeting, Orlando, Florida.［S.l. : s.n.］, 2003.

［18］ BARBIR F, BRAUN J, NEUTZLER J. Properties of molded graphite bi-polar plates for PEM fuel cell stacks［J］. Journal of New Materials for Electrochemical Systems, 1999, 2(3) : 197-200.

［19］ KIM J, LEE S M, SRINIVASAN S, et al . Modeling of proton exchange membrane fuel cell performance with an empirical equation［J］. Journal of The Electrochemical Society, 1995, 142(8) : 2670-2674.

［20］ NEUTZLER J, BARBIR F. Development of advanced, low-cost PEM fuel cell stack and system design for operation on reformate used in vehicle power systems［R］. Washington, D.C. : U.S. Department of Energy, Office of Advanced Automotive Technologies, 2000.

［21］ GOTTESFELD S. Polymer electrolyte fuel cells［J］. Journal of The Electrochemical Society, 1994.

［22］ VIELSTICH W, LAMM A, GASTEIGER H A. Handbook of fuel cells : fundamentals, technology, applications［M］. Chichester, Eng. : John Wiley & Sons, 2003.

［23］ PERON J, MANI A, ZHAO X, et al. Properties of Nafion® NR-211 membranes for PEMFCs［J］. Journal of Membrane Science, 2010, 356(1-2) : 44-51.

［24］ DuPont™. Nafion® PFSA membranes N-112, NE-1135, N-115, N-117, NE-1110 perfluorosulfonic acid polymer datasheet [EB/OL]. http : //www.hesen.cn/userfiles/bochi/file/117%E3%80%81115%E5%8F%82 %E6%95%B0.pdf.

［25］ DuPont™. Nafion® PFSA membranes NRE-211 and NRE-212 datasheet［EB/OL］. http : //www.hesen. cn/userfiles/bochi/file/212%E3%80%81211%E5%8F%82%E6%95%B0.pdf.

［26］ HAMROCK S J. Membranes and MEA's for dry, hot operating conditions［R］. Oak Ridge, Tenn. : U.S. Department of Energy, Office of Scientific and Technical Information, 2011.

［27］ ZAWODZINSKI T A, DEROUIN C, RADZINSKI S, et al. Water uptake by and transport through Nafion® 117 membranes［J］. Journal of The Electrochemical Society, 1993, 140(4) : 1041-1047.

［28］ ZAWODZINSKI T A, SPRINGER T E, DAVEY J, et al. A comparative study of water uptake by and transport through ionomeric fuel cell membranes［J］. Journal of The Electrochemical Society, 1993, 140 (7) : 1981-1985.

［29］ CLEGHORN S, KOLDE J, LIU W. Catalyst coated composite membranes［M］// VIELSTICH W, LAMM A, GASTEIGER H A. Handbook of fuel cells : fundamentals, technology, applications. Chichester, Eng. : John Wiley & Sons, 2003, 3(3) : 566-575.

［30］ ZAWODZINSKI T A, NEEMAN M, SILLERUD L O, et al. Determination of water diffusion coefficients in perfluorosulfonate ionomeric membranes ［J］. The Journal of Physical Chemistry, 1991, 95(15)：6040-6044.

［31］ SPRINGER T E, ZAWODZINSKI T A, GOTTESFELD S. Polymer electrolyte fuel cell model ［J］. Journal of The Electrochemical Society, 1991, 138(8)：2334-2342.

［32］ ZAWODZINSKI T A. Membranes performance and evaluation ［C］//NSF Workshop on Engineering Fundamentals of Low Temperature PEM Fuel Cells, Arlington, Virginia. ［S.l.：s.n.］, 2001.

［33］ LACONTI A B, FRAGALA A R, BOYACK J R. Solid polymer electrolyte electrochemical cells-Electrode and other materials considerations ［C］// Symposium on Electrode Materials and Processes for Energy Conversion and Storage. ［S.l.：s.n.］, 1977.

［34］ FULLER T F, NEWMAN J . Experimental determination of the transport number of water in Nafion 117 membrane ［J］. Journal of The Electrochemical Society, 1992, 139(5)：1332-1337.

［35］ ZAWODZINSKI T A, SPRINGER T E, URIBE F, et al. Characterization of polymer electrolytes for fuel cell applications ［J］. Solid State Ionics, 1993, 60(1-3)：199-211.

［36］ YEO S C, EISENBERG A. Physical properties and supermolecular structure of perfluorinated ion-containing (Nafion) polymers ［J］. Journal of Applied Polymer Science, 1977, 21(4)：875-898.

［37］ EISMAN G A. The physical and mechanical properties of a new perfluorosulfonic acid ionomer for use as a separator/membrane in proton exchange processes ［J］. Journal of The Electrochemical Society, 1986, 133(3)：C123.

［38］ VERBRUGGE M W. Methanol diffusion in perfluorinated ion-exchange membranes ［J］. Journal of The Electrochemical Society, 1989, 136(2)：417-423.

［39］ SLADE R C T, HARDWICK A, DICKENS P G. Investigation of H^+ motion in NAFION film by pulsed ^{1}H NMR and A.C. conductivity measurements ［J］. Solid State Ionics, 1983, 9(2)：1093-1098.

［40］ MOTUPALLY S, BECKER A J, WEIDNER J W. Diffusion of water in Nafion 115 membranes ［J］. Journal of The Electrochemical Society, 2000, 147(9)：3171-3177.

［41］ NGUYEN T V, WHITE R E. A water and heat management model for proton-exchange-membrane fuel cells ［J］. Journal of The Electrochemical Society, 1993, 140(8)：2178-2186.

［42］ HUSAR A, HIGIER A, LIU H. In situ measurements of water transfer due to different mechanisms in a proton exchange membrane fuel cell ［J］. Journal of Power Sources, 2008, 183(1)：240-246.

［43］ BÜCHI F N , SCHERER G G. Investigation of the transversal water profile in Nafion membranes in polymer electrolyte fuel cells ［J］. Journal of The Electrochemical Society, 2001, 148(3)：183-188.

［44］ JANSSEN G, OVERVELDE M. Water transport in the proton-exchange-membrane fuel cell : measurements of the effective drag coefficient ［J］. Journal of Power Sources, 2001, 101(1) : 117-125.

［45］ YEO R S, MCBREEN J. Transport properties of Nafion membranes in electrochemically regenerative hydrogen/halogen cells ［J］. Journal of The Electrochemical Society, 1979, 126(10) : 1682-1687.

［46］ OGUMI Z, TAKEHARA Z, YOSHIZAWA S. Gas permeation in SPE method : I. Oxygen permeation through Nafion and NEOSEPTA ［J］. Journal of The Electrochemical Society, 1984, 131(4) : 769-773.

［47］ BERNARDI D M, VERBRUGGE M W. A mathematical model of the solid-polymer-electrolyte fuel cell ［J］. Journal of The Electrochemical Society, 1992, 139(9) : 2477-2491.

［48］ SAKAI T, TAKENAKA H, TORIKAI E. Gas diffusion in the dried and hydrated Nafions ［J］. Journal of The Electrochemical Society, 1986, 133(1) : 88-92.

［49］ GUBLER L, SCHERER G G. Trends for fuel cell membrane development ［J］. Desalination, 2010, 250(3) : 1034-1037.

［50］ LIN J C, KUNZ H R, FENTON J M. Membrane/electrode additives for low-humidification operation ［M］//VIELSTICH W, LAMM A, GASTEIGER H A. Handbook of fuel cells : fundamentals, technology, applications. Chichester, Eng. : John Wiley & Sons, 2003.

［51］ JONES D J, ROZIERE J. Inorganic/organic composite membranes ［M］//VIELSTICH W, LAMM A, GASTEIGER H A. Handbook of fuel cells : fundamentals, technology, applications. Chichester, Eng. : John Wiley & Sons, 2003.

［52］ CHALKOVA E, FEDKIN M V, WESOLOWSKI D J, et al. Effect of TiO_2 surface properties on performance of Nafion-based composite membranes in high temperature and low relative humidity PEM fuel cells ［J］. Journal of The Electrochemical Society, 2005, 152(9) : A1742-A1747.

［53］ SCHMIDT T J, BAURMEISTER J. Durability and reliability in high-temperature reformed hydrogen PEFCs ［J］. ECS Transactions, 2006, 3(1) : 861-869.

［54］ XIAO L, ZHANG H, SCANLON E, et al. High-temperature polybenzimidazole fuel cell membranes via a solgel process ［J］. Chemistry of Materials, 2006, 17(21) : 5328-5333.

［55］ PAGANIN V A, TICIANELLI E A, GONZALEZ E R. Development and electrochemical studies of gas diffusion electrodes for polymer electrolytic fuel cells ［J］. Journal of Applied Electrochemistry, 1996, 26(3) : 297-304.

［56］ HOGARTH M P, RALPH T R. Catalysis for low temperature fuel cells ［J］. Platinum Metals Review, 2002, 46(4) : 146-164.

［57］ HAO L，MORIYAMA K，GU W，et al. Modeling and experimental validation of Pt loading and electrode composition effects in PEM fuel cells[J]. Journal of The Electrochemical Society, 2015, 162(8) : F854-F867.

[58] URIBE F, ZAWODZINSKI T A, VALERIO J, et al. Fuel cell electrode optimization for operation on reformate and air [C]//Proc. 2002 Fuel Cells Lab R&D Meeting, DOE Fuel Cells for Transportation Program. [S.l. : s.n.], 2002.

[59] QI Z, KAUFMAN A. Low Pt loading high performance cathodes for PEM fuel cells [J]. Journal of Power Sources, 2003, 113(1) : 37-43.

[60] SASIKUMAR G, IHM J, RYU H. Dependence of optimum Nafion content in catalyst layer on platinum loading [J]. Journal of Power Sources, 2004, 132(1-2) : 11-17.

[61] DEBE M. Advanced cathode catalysts and supports for PEM fuel cells [R]. Washington, D.C. : U.S. Department of Energy, 2012.

[62] DEBE M K, STEINBACH A J, VERNSTROM G D, et al. Extraordinary oxygen reduction activity of Pt_3Ni_7 [J]. ECS Transactions, 2010, 33(1) : 143-152.

[63] ADZIC R. Contiguous platinum monolayer oxygen reduction electrocatalysts on high-stability-low-cost supports [C]//2013 DOE Hydrogen and Fuel Cells Program Annual Merit Review Meeting, Washington, D.C. . [S.l. : s.n.], 2013.

[64] WU G, MORE K L, JOHNSTON C M, et al. High-performance electrocatalysts for oxygen reduction derived from polyaniline, iron, and cobalt [J]. Science, 2011, 332(6028) : 443-447.

[65] BURHEIM O S. Thermal signature and thermal conductivities of PEM fuel cells [D] . Trondheim : Norwegian University of Science and Technology, 2009.

[66] MATHIAS M F, ROTH J, FLEMING J, et al. Diffusion media materials and characterization [M]// VIELSTICH W, LAMM A, GASTEIGER H A. Handbook of fuel cells : fundamentals, technology, applications. Chichester, Eng. : John Wiley & Sons, 2003, 3(1) : 517-537.

[67] U. S.Department of Energy. Transportation fuel cell power systems : 2000 annual progress report [R]. Washington, D.C. : U.S. DOE, 2000.

[68] BARBIR F, BRAUN J. Development of low-costbi-polar plates for PEM fuel cells [C]// Proceedings of Fuel Cell 2000 Research & Development, Strategic Research Institute Conference, New York . [S.l. : s.n.], 2000.

[69] WILKINSON D P, LAMONT G J, VOSS H H, et al. Method of fabricating an embossed fluid flow field plate : US 5527363 [P]. 1996-6-18.

[70] MatWeb, LLC. Mat Web : Material Property Data [EB/OL]. [2023-01-30]. https : //databases. library.

jhu. edu/databases/proxy/JHU05311.

[71] SMITS F M. Measurement of sheet resistivities with the four-point probe〔J〕. Bell System Technical Journal, 1958, 37(3): 711-718.

[72] VIKRAM A, CHOWDHURY P R, PHILLIPS R K, et al. Measurement of effective bulk and contact resistance of gas diffusion layer under inhomogeneous compression-Part I : Electrical conductivity[J]. Journal of Power Sources, 2016, 320(10): 274-285.

[73] MISHRA V, YANG F, PITCHUMANI R. Electrical contact resistance between gas diffusion layers and bipolar plates for applications to PEM fuel cells〔C〕// International Conference on Fuel Cell Science, Engineering and Technology, Rochester, New York. New York : ASME, 2004: 613-619.

[74] MAJUMDAR A, TIEN C. Fractal network model for contact conductance〔J〕. Journal of Heat Transfer, 1991, 113(3): 516-525.

[75] BARBIR F, FUCHS M, HUSAR A, et al. Design and operational characteristics of automotive PEM fuel cell stacks〔R〕.〔S.l.〕: SAE Technical Paper, 2000.

[76] YAN Q, TOGHIANI H, CAUSEY H. Steady state and dynamic performance of proton exchange membrane fuel cells (PEMFCs) under various operating conditions and load changes〔J〕. Journal of Power Sources, 2006, 161(1): 492-502.

[77] Anon. ASHRAE handbook—1981 fundamentals〔J〕. Building Services Engineering Research & Technology, 1981, 2(4): 193.

[78] BERNING T, LU D, DJILALI N. Three-dimensional computational analysis of transport phenomena in a PEM fuel cell〔J〕. Journal of Power Sources, 2002, 106(1): 284-294.

[79] MIN C H. Performance of a proton exchange membrane fuel cell with a stepped flow field design〔J〕. Journal of Power Sources, 2009, 186(2): 370-376.

[80] NITTA I, KARVONEN S, HIMANEN O, et al. Modelling the effect of inhomogeneous compression of GDL on local transport phenomena in a PEM fuel cell〔J〕. Fuel Cells, 2008, 8(6): 410-421.

[81] HUSSAIN M, LI X, DINCER I. Multi-component mathematical model of solid oxide fuel cell anode〔J〕. International Journal of Energy Research, 2005, 29(12): 1083-1101.

[82] WANG J, YUAN J, SUNDÉN B. Modeling of inhomogeneous compression effects of porous GDL on transport phenomena and performance in PEM fuel cells〔J〕. International Journal of Energy Research, 2017, 41(7): 985-1003.

[83] TODD B, YOUNG J. Thermodynamic and transport properties of gases for use in solid oxide fuel cell modelling〔J〕. Journal of Power Sources, 2002, 110(1): 186-200.

［84］ YUAN J, HUANG Y, SUNDÉN B, et al. Analysis of parameter effects on chemical reaction coupled transport phenomena in SOFC anodes ［J］. Heat and Mass Transfer, 2009, 45(4)：471-484.

［85］ SU A, CHIU Y, WENG F. The impact of flow field pattern on concentration and performance in PEMFC ［J］.International Journal of Energy Research, 2005, 29(5)：409-425.

［86］ FERNG Y M, SU A, LU S M. Experiment and simulation investigations for effects of flow channel patterns on the PEMFC performance ［J］. International Journal of Energy Research, 2008, 32(1)：12-23.

［87］ YUAN J, SUNDÉN B. On mechanisms and models of multi-component gas diffusion in porous structures of fuel cell electrodes ［J］. International Journal of Heat and Mass Transfer, 2014, 69：358-374.

［88］ AKKAYA A V. Electrochemical model for performance analysis of a tubular SOFC ［J］. International Journal of Energy Research, 2007, 31(1)：79-98.

［89］ SELVARAJ A S, RAJAGOPAL T K R. Numerical investigation on the effect of flow field and landing to channel ratio on the performance of PEMFC ［J］. International Journal of Energy Research, 2020, 44(1)：171-191.

［90］ BHATT S, GUPTA B, SETHI V, et al. Polymer exchange membrane (PEM) fuel cell：a review ［J］. International Journal of Current Engineering and Technology, 2012, 2(1)：219-226.

［91］ OBAYOPO S O, BELLO-OCHENDE T, MEYER J P. Three-dimensional optimisation of a fuel gas channel of a proton exchange membrane fuel cell for maximum current density ［J］. International Journal of Energy Research, 2013, 37(3)：228-241.

［92］ MIAO Z, HE Y L, ZOU J Q. Modeling the effect of anisotropy of gas diffusion layer on transport phenomena in a direct methanol fuel cell ［J］. Journal of Power Sources, 2010, 195(11)：3693-3708.

［93］ DICKS A L. The role of carbon in fuel cells ［J］. Journal of Power Sources, 2006, 156(2)：128-141.

［94］ SIVERTSEN B, DJILALI N. CFD-based modelling of proton exchange membrane fuel cells ［J］. Journal of Power Sources, 2005, 141(1)：65-78.

［95］ CENGEL Y A, BOLES M A. Thermodynamics：an engineering approach ［M］. New York：McGraw-Hill, 2011.

［96］ ZHANG Z, JIA L, WANG X, et al. Effects of inlet humidification on PEM fuel cell dynamic behaviors［J］. International Journal of Energy Research, 2011, 35(5)：376-388.

［97］ HE G, YAMAZAKI Y, ABUDULA A. A three-dimensional analysis of the effect of anisotropic gas diffusion layer (GDL) thermal conductivity on the heat transfer and two-phase behavior in a proton exchange membrane fuel cell (PEMFC) ［J］. Journal of Power Sources, 2010, 195(6)：1551-1560.

［98］ KHANDELWAL M, MENCH M. Direct measurement of through-plane thermal conductivity and contact resistance in fuel cell materials [J]. Journal of Power Sources, 2006, 161(2): 1106-1115.

[99] SINHA P K, WANG C Y, BEUSCHER U. Effect of flow field design on the performance of elevated-temperature polymer electrolyte fuel cells [J]. International Journal of Energy Research, 2007, 31(4): 390-411.

[100] CHU H S, YEH C, CHEN F. Effects of porosity change of gas diffuser on performance of proton exchange membrane fuel cell [J]. Journal of Power Sources, 2003, 123(1): 1-9.

[101] UCHIDA M, AOYAMA Y, EDA N, et al. Investigation of the microstructure in the catalyst layer and effects of both perfluorosulfonate ionomer and PTFE-loaded carbon on the catalyst layer of polymer electrolyte fuel cells [J]. Journal of The Electrochemical Society, 1995, 142(12): 4143-4149.

[102] NGUYEN P T, BERNING T, DJILALI N. Computational model of a PEM fuel cell with serpentine gas flow channels [J]. Journal of Power Sources, 2004, 130(1): 149-157.

[103] WANG L, HUSAR A, ZHOU T, et al. A parametric study of PEM fuel cell performances [J]. International Journal of Energy Research, 2003, 28(11): 1263-1272.

[104] 易伟, 陈涛, 刘士华, 等. PEMFC 气体扩散层变形对流道内水传输的影响 [J]. 电源技术, 2019, 43(4): 580-583.

[105] NITTA I, HIMANEN O, MIKKOLA M. Thermal conductivity and contact resistance of compressed gas diffusion layer of PEM fuel cell [J]. Fuel Cells, 2008, 8(2): 111-119.

[106] SAHA L K, TABE Y, OSHIMA N. Effect of GDL deformation on the pressure drop of polymer electrolyte fuel cell separator channel [J]. Journal of Power Sources, 2012, 202: 100-107.

[107] KLEEMANN J, FINSTERWALDER F, TILLMETZ W. Characterisation of mechanical behaviour and coupled electrical properties of polymer electrolyte membrane fuel cell gas diffusion layers [J]. Journal of Power Sources, 2009, 190(1): 92-102.

[108] ESCRIBANO S, BLACHOT J F, ETHEVE M, et al. Characterization of PEMFCs gas diffusion layers properties [J]. Journal of Power Sources, 2006, 156(1): 8-13.

[109] KANDA D, WATANABE H, OKAZAKI K. Effect of local stress concentration near the rib edge on water and electron transport phenomena in polymer electrolyte fuel cell [J]. International Journal of Heat and Mass Transfer, 2013, 67: 659-665.

[110] ZHOU Y, LIN G, SHIH A, et al. Multiphysics modeling of assembly pressure effects on proton exchange membrane fuel cell performance [J]. Journal of Fuel Cell Science and Technology, 2009, 6(4): 041005-041012.

[111] NITTA I, HOTTINEN T, HIMANEN O, et al. Inhomogeneous compression of PEMFC gas diffusion lay-

er：Part I . Experimental［J］. Journal of Power Sources, 2007, 171(1)： 26-36.

［112］TAYMAZ I, BENLI M. Numerical study of assembly pressure effect on the performance of proton exchange membrane fuel cell［J］. Energy, 2010, 35(5)： 2134-2140.

［113］BOGRACHEV D, GUEGUEN M, GRANDIDIER J C, et al. Stress and plastic deformation of MEA in fuel cells： Stresses generated during cell assembly［J］. Journal of Power Sources, 2008, 180(1)： 393-401.

［114］BOGRACHEV D, GUEGUEN M, GRANDIDIER J C, et al. Stress and plastic deformation of MEA in running fuel cell［J］. International Journal of Hydrogen Energy, 2008, 33(20)： 5703-5717.

［115］ZHANG L, LIU Y, SONG H, et al. Estimation of contact resistance in proton exchange membrane fuel cells［J］. Journal of Power Sources, 2006, 162(2)： 1165-1171.

［116］GARCÍA-SALABERRI P A, VERA M, ZAERA R. Nonlinear orthotropic model of the inhomogeneous assembly compression of PEM fuel cell gas diffusion layers［J］. International Journal of Hydrogen Energy, 2011, 36(18)： 11856-11870.

［117］LAI Y H, RAPAPORT P A, JI C, et al. Channel intrusion of gas diffusion media and the effect on fuel cell performance［J］. Journal of Power Sources, 2008, 184(1)： 120-128.

［118］ZHOU P, WU C, MA G. Influence of clamping force on the performance of PEMFCs［J］. Journal of Power Sources, 2007, 163(2)： 874-881.

［119］MARTEMIANOV S, GUEGUEN M, GRANDIDIER J C, et al. Mechanical effects in PEM fuel cell： application to modeling of assembly procedure［J］. Journal of Applied Fluid Mechanics, 2009, 2(2)： 49-54.

［120］BARRANDE M, BOUCHET R, DENOYEL R. Tortuosity of porous particles［J］. Analytical Chemistry, 2007, 79(23)： 9115-9121.

［121］MISHRA V, YANG F, PITCHUMANI R. Measurement and prediction of electrical contact resistance between gas diffusion layers and bipolar plate for applications to PEM fuel cells［J］. Journal of Fuel Cell Science and Technology, 2004, 1(1)： 2-9.

［122］SHI Z, WANG X, GUESSOUS L. Effect of compression on the water management of a proton exchange membrane fuel cell with different gas diffusion layers［J］. Journal of Fuel Cell Science and Technology, 2010, 7(2)： 021012.

［123］ESPINOZA M, ANDERSSON M, YUAN J, et al. Compress effects on porosity, gas-phase tortuosity, and gas permeability in a simulated PEM gas diffusion layer［J］. International Journal of Energy Research, 2015, 39(11)： 1528-1536.

[124] CHANG W, HWANG J, WENG F, et al. Effect of clamping pressure on the performance of a PEM fuel cell [J]. Journal of Power Sources, 2007, 166(1): 149-154.

[125] FUTERKO P, HSING I M. Two-dimensional finite-element method study of the resistance of membranes in polymer electrolyte fuel cells [J]. Electrochimica Acta, 2000, 45(11): 1741-1751.

[126] SOLASI R, ZOU Y, HUANG X, et al. On mechanical behavior and in-plane modeling of constrained PEM fuel cell membranes subjected to hydration and temperature cycles [J]. Journal of Power Sources, 2007, 167(2): 366-377.

[127] LEE C, MÉRIDA W. Gas diffusion layer durability under steady-state and freezing conditions [J]. Journal of Power Sources, 2007, 164(1): 141-153.

[128] MOHAMMADI M, BANKS-LEE P, GHADIMI P. Air permeability of multilayer needle punched nonwoven fabrics: Theoretical method [J]. Journal of Industrial Textiles, 2002, 32(1): 45-57.

[129] MOHAMMADI M, BANKS-LEE P, GHADIMI P. Air permeability of multilayer needle punched nonwoven fabrics: Experimental method [J]. Journal of Industrial Textiles, 2002 32(2): 139-150.

[130] XING X Q, LUM K W, POH H J, et al. Optimization of assembly clamping pressure on performance of proton-exchange membrane fuel cells [J]. Journal of Power Sources, 2010, 195(1): 62-68.

[131] CHI P H, CHAN S H, WENG F B, et al. On the effects of non-uniform property distribution due to compression in the gas diffusion layer of a PEMFC [J]. International Journal of Hydrogen Energy, 2010, 35(7): 2936-2948.

[132] ZHOU Y, LIN G, SHIH A, et al. Assembly pressure and membrane swelling in PEM fuel cells [J]. Journal of Power Sources, 2009, 192(2): 544-551.

[133] LEE W K, HO C H, VAN ZEE J W, et al. The effects of compression and gas diffusion layers on the performance of a PEM fuel cell [J]. Journal of Power Sources, 1999, 84(1): 45-51.

[134] GE J, HIGIER A, LIU H. Effect of gas diffusion layer compression on PEM fuel cell performance [J]. Journal of Power Sources, 2006, 159(2): 922-927.

[135] BAZYLAK A, SINTON D, LIU Z S, et al. Effect of compression on liquid water transport and microstructure of PEMFC gas diffusion layers [J]. Journal of Power Sources, 2007, 163(2): 784-792.

[136] ZHOU P, WU C. Numerical study on the compression effect of gas diffusion layer on PEMFC performance [J]. Journal of Power Sources, 2007, 170(1): 93-100.

[137] 陈骏, 余意. 质子交换膜燃料电池关键内阻研究进展 [J]. 上海汽车, 2016, 5(10): 6-9.

[138] ZHOU Y, LIN G, SHIH A, et al. A micro-scale model for predicting contact resistance between bipolar plate and gas diffusion layer in PEM fuel cells [J]. Journal of Power Sources, 2007, 163(2): 777-783.

［139］WU Z, ZHOU Y, LIN G, et al. An improved model for predicting electrical contact resistance between bipolar plate and gas diffusion layer in proton exchange membrane fuel cells［J］. Journal of Power Sources, 2008, 182(1)：265-269.

［140］GREENWOOD J, WILLIAMSON J P. Contact of nominally flat surfaces［J］. Mathematicaland Physical Sciences, 1966, 295(1442)：300-319.

［141］COOPER M, MIKIC B, YOVANOVICH M. Thermal contact conductance［J］. International Journal of Heat and Mass Transfer, 1969, 12(3)：279-300.

［142］MAJUMDAR A, TIEN C. Fractal characterization and simulation of rough surfaces［J］. Wear, 1990, 136(2)：313-327.

［143］TANAKA S, BRADFIELD W W, LEGRAND C, et al. Numerical and experimental study of the effects of the electrical resistance and diffusivity under clamping pressure on the performance of a metallic gas-diffusion layer in polymer electrolyte fuel cells［J］. Journal of Power Sources, 2016, 330：273-284.

［144］YANG W J, KANG S J, KIM Y B. Numerical investigation on the performance of proton exchange membrane fuel cells with channel position variation［J］. International Journal of Energy Research, 2012, 36(10)：1051-1064.

［145］HAMOUR M, GRANDIDIER J, OUIBRAHIM A, et al. Electrical conductivity of PEMFC under loading［J］. Journal of Power Sources, 2015, 289：160-167.

［146］伍赛特. 燃料电池技术应用研究及未来前景展望［J］. 通信电源技术, 2019, 36(5)：86-89.

［147］高云凯, 李翠, 崔玲, 等. 燃料电池大客车车身疲劳寿命仿真分析［J］. 汽车工程, 2010, 32(1)：7-12.

［148］王建建, 胡辰树. 我国氢燃料电池专用车发展现状与趋势分析［J］. 专用汽车, 2021(4)：51-55.

［149］何彬, 卢兰光, 李建秋, 等. 燃料电池混合动力汽车能量控制策略仿真研究［J］. 公路交通科技, 2006, 23(1)：151-154.

［150］张兴梅. 质子交换膜燃料电池建筑供能系统性能的研究［D］. 哈尔滨：哈尔滨工业大学, 2009.

［151］文元桥, 耿晓巧, 吴贝, 等. 区域船舶废气减排的系统动力学建模研究［J］. 环境科学与技术, 2017, 40(7)：193-199.

［152］冯淑慧, 朱祉熹, BECQUE R, 等. 中国船舶和港口空气污染防治白皮书［R］. 北京：自然资源保护协会, 2014.

［153］杨发财, 李世安, 沈秋婉, 等. 绿色航运发展趋势和燃料电池船舶的应用前景［J］. 船舶工程, 2020, 42(4)：1-7.

［154］罗慧莉, 吴昊. 绿色电源——燃料电池及其船用化展望［J］. 船舶, 2000(5)：27-31.

［155］方芳, 姚国富, 刘斌, 等. 潜艇燃料电池 AIP 系统技术发展现状［J］. 船电技术, 2011, 31(8)：16-17.

［156］伍赛特 . 燃料电池应用于航空推进领域的前景展望［J］. 能源研究与管理 , 2018, 37(4)：89-91.

［157］马世俊 . 卫星电源技术［M］. 北京：中国宇航出版社 , 2001.

［158］BURKE K A. Fuel cells for space science applications［C］//1st International Energy Conversion Engineering Conference (IECEC), Portsmouth, Virginia. Reston, Va.：AIAA, 2003.

［159］JAN D L, ROHATGI N, VOECKS G, et al. Thermal, mass, and power interactions for lunar base life support and power systems［R］.［S.l.］：SAE Technical Paper, 1993.

［160］BURKE K A. High energy density regenerative fuel cell systems for terrestrial applications［J］. IEEE Aerospace and Electronic Systems Magazine, 1999, 14(12)：23-34.

［161］BENTS D J, SCULLIN V J, CHANG B J, et al. Hydrogen-oxygen PEM regenerative fuel cell energy storage system［R］. Hanover, Md.：NASA, 2005.

［162］MITLITSKY F, MYERS B, WEISBERG A H, et al. Reversible (unitized) PEM fuel cell devices［J］. Fuel Cell Bulletin, 1999, 2(11)：6-11.

［163］WARSHAY M, PROKOPIUS P, LE M, et al. The NASA fuel cell upgrade program for the space shuttle orbiter［C］// IECEC-97 Proceedings of the Thirty-Second Intersociety Energy Conversion Engineering Conference, Honolulu, Hawaii. New York：IEEE, 1997, 1：228-231.

［164］MCCURDY K. Space shuttle upgrades：long life alkaline fuel cell［C］// AIAA Annual Technical Symposium, Houston, Texas.［S.l.：s.n.］, 2004.

［165］衣宝廉 . 燃料电池——原理、技术、应用［M］. 北京：化学工业出版社 , 2003.